苏州

古城微更新的苏州实践

——2019-2020苏州古城复兴建筑设计工作营优秀作品集

本书编委会　编著

中国建筑工业出版社

本书编委会

主　　任：黄　戟　修　龙

副 主 任：施　旭　李存东

参编人员：姚鹤林　王　勇　张松峰　苏义宸　钱　华

　　　　　黄　莹　朱依东　谢鸿权　史小云　谈凤生

支持单位：苏州市人民政府

　　　　　中国建筑学会

　　　　　苏州市自然资源和规划局

　　　　　苏州科技大学苏州国家历史文化名城保护研究院

　　　　　苏州历史文化名城建设集团有限公司

序 一

苏州是我国第一批公布的历史文化名城。苏州在保护历史文化名城的文化资源、传承城市文脉、塑造特色城市风貌、处理好保护与发展的关系等方面，意识强、起步早、效果好，走在全国的前列，以平江历史街区保护为代表的一批保护更新项目，受到了业界和社会的广泛关注与好评。进入 21 世纪以来，又有一些更新改造项目相继启动，对提升历史文化名城的品质、完善古城的现代功能、改善人居环境、提高城市的宜居性，起到了积极的作用。

诚然，城市——尤其是像苏州这样有着 2500 年悠久历史的古城，其更新的过程必定是历史性的，绝不可能一蹴而就、毕其功于一役，历史遗留下来的"老年病"和多年累积的"痼疾""沉疴"，与当下人民群众对美好生活的期盼，对宜居、宜业、宜游的城市环境的要求还难以平衡。因此，加快探索老旧城区的有机更新、激发城市活力，就成为城市管理者的一项现实而紧迫的任务。

为此，在 2019 年和 2020 年，苏州市政府与中国建筑学会联合举办了两期"苏州古城复兴建筑设计工作营"。苏州市经过认真筛选，每期推出两个地块（院落），由中国建筑学会组织一批优秀设计团队开展概念性规划和建筑方案设计。这一活动得到了众多院士、大师、资深建筑师和青年新秀建筑师的积极响应。两期工作营分别有 27 个和 14 个团队参与设计。各团队提交的创意方案，由专家委员会经中期评议，选出入围团队进行深化，并在终期评审经全面评议进行排序，推荐出优秀设计成果，供当局选择以作实施方案。

两届工作营的规划设计成果足以证明，各团队都以极大的热情投入到现场踏勘、社会调查和综合研判中，并提出各具特色的创意思路和建筑方案。这些方案体现出建筑师对历史文化名城的敬畏、对历史街区地段的尊重、对建筑遗存的珍惜，较好地处理了保护传承、改造活化和发展利用的关系，同时寻求业态组合、风貌管控和资金平衡的可能，为构建政府支持协调、调动社会力量参与和发挥原住民的积极性的共同缔造机制创造条件。推荐方案既保留了有价值、能体现传统文化的记忆场所，又融入了富有时代感的创意空间，同时还考虑到现实的落地性。因此，这些方案经整合完善后都是可以尽快付诸实施的。

苏州市对这次设计工作营活动的重视与期待自不待言，中国建筑学会也将其作为重要的学术活动而精心组织，两期方案的终评都是与建筑学会年会同期举办的。2019 年苏州年会期间，举办了"苏州古城复兴建筑设计工作营成果交流会"，并由主办方会发布了《苏州倡议》；2020 年在深圳年会期间，作为分论坛之一，举办了"传承文化·延续匠心——传统建筑创新性发展论坛暨古城复兴（苏州）建筑设计工作营优秀成果汇报会"及模型展览。通过这些活动，扩大了工作营的学术影响，受到了业界的好评。苏州市与中国建筑学会已签订了设计工作营长期合作协议，工作营将以持续性、常态化的工作机制进行。

这两期设计工作营，对于苏州古城复兴、保护利用而言，只能说是在过去工作基础上的再探索和新实践，未来的路还很长。有道是：做正确的事，永远都是好时机，而要把正确的事情真正做正确、做好，关键是要善于总结和提高。有鉴于此，主办方组织了《古城微更新的苏州实践——2019—2020苏州古城复兴建筑设计工作营优秀作品集》一书的编辑出版，这也是对两期设计工作营工作的记录和总结。我在参加评审工作的交流发言中，建议设计工作营在项目选择上，应在抓好点状院落的同时，考虑以点带面，划定更大范围的街区（坊），开展城市设计和概念性建筑方案征集，这样对统筹考虑在功能综合性基础上构建主导业态的特色性、风貌塑造的整体性和基础设施配套的系统性，以及更好地做到资金的良性循环与平衡等问题会更加全面和合理，能够克服和避免碎片化倾向所带来的种种弊端。

我国已进入"十四五"新发展时期，为推动新型城镇化、实现城市发展模式的转型、提高城市品质，国家提出"实施城市更新行动"，城市将逐步转向以存量提质改造为主的新阶段，城市更新大有可为。希望苏州市与中国建筑学会能够继续推进苏州古城复兴建筑设计工作营的工作，组织更多的优秀建筑师参与到苏州城市更新行动中来，集思广益，创新和积累更多、更好的经验，让这种"苏州模式"更加完善和成熟而可资借鉴，以期为我国古城保护和发展作出积极的贡献。

原建设部副部长
中国建筑学会原理事长
宋春华

序 二

苏州是驰名中外的历史文化名城，也是江南文化的发祥地。自公元前514年，伍子胥"相土尝水，象天法地"奠基苏州城开始，"水陆并行、河街相邻"的双棋盘格局和"小桥流水、粉墙黛瓦、史迹名园"的独特风貌，跨越两千五百多年的风雨一直延续至今。苏州保留了中国城市最完整的水城肌理，留存了中国人历史生活的鲜活样本。这里的历史遗存深厚，人文风物荟萃，以拙政园、留园、网师园为代表的江南古典园林蜚声海外，昆曲、古琴、宋锦、缂丝、香山帮营造等世界级非物质文化遗产闻名世界，以孙武、范仲淹、顾炎武、蒯祥等为代表的文化艺术名人辈出，"世界遗产典范城市""手工艺与民间艺术之都"等美誉加身。可以说，苏州是一座被历史文化浸润的城市，文化是苏州的灵魂底色和精神基因，承载着城市精神品格和理想追求。

保护好、传承好苏州丰富的历史文化资源，一直以来都贯穿于苏州城市规划、建设、发展之中。早在1986版城市总体规划中，苏州就在全国率先提出了"保护古城、发展新区"的战略和"全面保护古城风貌"的方针。在三十多年的城市建设过程中，经济社会、历史文化和自然环境三者有机统一、和谐发展，全面保护苏州历史文化的核心——苏州古城，成为我们的一条重要经验。在古城保护理念的指引之下，从20世纪80年代的"古宅新居"工程，到90年代的街坊改造工程，到进入21世纪的山塘、平江历史街区保护整治，苏州始终通过实施重点项目，坚持不懈地提升古城空间品质、优化古城功能，改善人居环境。正是因为兼顾经济发展与历史文化传承，苏州在世界城市竞争中脱颖而出，荣获了具有城市规划界"诺贝尔奖"之称的"李光耀世界城市奖"。

当前，我们正按照习总书记"更多采用'微改造'的'绣花'功夫，对历史文化街区进行修复"的重要指示，以保护古城风貌为出发点，以提升古城活力为目的，按照全域、全要素的名城保护观，构筑起整体性的历史文化名城保护体系。"苏州古城复兴建筑设计工作营"的成功举办，为苏州古城复兴探索新模式、新技术、新方法。在2019年和2020年两期工作营中，涌现出了一大批优秀设计方案。这其中既有苏州"文人造园"传统的传承创新，也有新技术、新材料、新方法的运用让历史与现代交融，更有国内外关于古城保护理念的交流与争鸣，为苏州古城更新奉献了实招，探索了新路。今天，工作营优秀设计成果集合出版，是对两期工作营设计成果的总结和凝练，是对苏州古城保护工作的指导和鞭策，也是苏州作为全国唯一的国家历史文化名城保护区，为全国古城保护提供的"苏州方案"和"苏州经验"。

锦绣江南，苏州尤最。苏州地处江南核心区域，承载着人们对江南最美好的记忆与想象，是"最江南"的文化名城。进入"十四五"新的发展阶段，苏州要全面打响"江南文化"品牌，重塑江南文化的核心地位，重筑江南人民的精神家园，重现文化高地的灿烂辉煌。衷心期待和参与工作营的各方同仁一起，共育新机、共开新局，携手建设更高水平的人文之城，再现苏州千年古城的璀璨光辉！

苏州市自然资源和规划局局长

黄 戟

前　言

习近平总书记多次对城市历史文化遗产保护作出重要指示，强调既要加快城市发展和建设，也要保护好文化遗产，达到在发展中保护，在保护中发展，城市规划和建设要高度重视历史文化保护，不急功近利、大拆大建。要突出地方特色，注重人居环境改善，更多采用"微改造"的"绣花"功夫，对历史文化街区进行修复，注重文明传承、文化延续，让城市留下记忆，让人们记住乡愁。

苏州作为全国唯一的国家历史文化名城保护示范区，有着丰富的历史遗产、深厚的文化根基，也承载着千年的集体记忆和世代缠绕的乡愁。进入新发展阶段，如何在全面保护古城的基础上，做好历史文化遗产保护、传承、发展这篇大文章，是时代赋予我们的重要使命。

为了更好地延续古城文脉、激活古城活力、提供示范引领，探索古城复兴之路，从 2019 年开始，苏州市人民政府与中国建筑学会共同举办"苏州古城复兴建筑设计工作营"。工作营以"微更新"手法开展传统建筑更新研究性设计，希望通过以点带面、渐进式的探索实践，打造传统建筑保护利用精品工程，实现古城历史文化遗产的创造性转化和创新性发展。

平江历史文化街区是苏州保存最完整、形态最典型的历史街区，保留着原汁原味的苏式生活场景，集中呈现了苏州古城的特色风貌与价值，也具有集中打造一批古建筑更新精品工程的丰富资源与强大需求。为此，

2019 年和 2020 年两期工作营的设计课题都选址于苏州平江历史文化街区内。

2019 年第一期工作营围绕历史建筑再利用，选取横巷 11 号、建新巷 30 号（孝友堂张宅）作为设计地块。横巷 11 号是传统民居，建新巷 30 号包含控制保护建筑，都是典型的江南传统民居。2020 年第二期工作营两处课题的选择则皆是以文化为魂，促进活化利用。其中一处是顾家花园 4、7 号，深入挖掘国学大师顾颉刚先生故居的文化内核，延续老宅的文化脉络。另一处大新桥巷 25、26、27 号，围绕世界文化遗产——耦园的配套功能，打造河街相邻、富有苏州园林人居品味的特色酒店。在街区整体保护中实现传统建筑的活化利用，通过优秀文化的充分挖掘，以文化传承发展赋能古城更新复兴，提高居民生活质量，推进苏州古城整体保护和可持续发展，正是这两期工作营选题的初衷。

未来，"苏州古城复兴建筑设计工作营"将继续砥砺前行，汇集两院院士、全国工程勘察设计大师和一流建筑设计机构，共同打造古城保护复兴的全国性、长期性平台。"古城微更新的苏州实践"为全国历史文化名城提供全面保护与创新的"苏州方案"和"苏州经验"。

本书编委会
2021 年 4 月

目　录

序一 / 宋春华

序二 / 黄戟

前言

古城微更新的苏州探索 I
2019 年第一期苏州古城复兴建筑设计工作营优秀作品

分序 I / 仲继寿 017

基地情况

横巷 11 号 018

孝友堂张宅（建新巷 30 号） 019

工作营团队

评审专家团队 020

参与设计团队 022

横巷 11 号优秀作品

叠合·新生 024

一方院 036

人间烟火·风花雪月 052

孝友堂张宅（建新巷 30 号）优秀作品

时光之径，老宅新生 068

老宅有戏 082

叠园今梦 096

古城微更新的苏州探索 II

2020 年第二期苏州古城复兴建筑设计工作营优秀作品

分序 II / 李存东 111

基地情况
顾家花园 4、7 号 112
大新桥巷 25、26、27 号 113

工作营团队
评审专家团队 114
参与设计团队 116

顾家花园 4、7 号优秀作品
宝树芳邻 118
层累故园 130
时·光·传承 144
生活博物馆 158

大新桥巷 25、26、27 号优秀作品
归壹 172
积极保护，有限介入 192
偶·缘 204

古城微更新的苏州思考

为记忆留存空间 / 刘力 217

探索之路永无止境 / 唐玉恩 218

微更新打造永远的苏州 / 仲德崑 219

工作营评审专家观点集萃

附录　工作营纪实

第一期工作营纪实 228

第二期工作营纪实 231

古城微更新的苏州探索 I

2019 年第一期

苏州古城复兴建筑设计工作营

优秀作品

分序 I

苏州是一座精致与大气兼具、古典与现代交融的城市，也有着唯一的国家历史文化名城保护示范区，古城保护和复兴意义重大。2019年3月14日，由苏州市人民政府和中国建筑学会共同举办的首期"苏州古城保护建筑设计工作营"正式开营。工作营要求设计师们在《苏州平江历史文化街区保护规划》的大框架下，针对平江历史文化街区核心保护区内的两个地块、两处典型的苏州传统特色民宅——横巷11号和孝友堂张宅进行保护与更新研究性设计。来自全国各地的27个优秀设计团队汇聚苏州，这些团队云集了国内外建筑设计界的大咖精英，既有中国工程院院士何镜堂担纲的院士团队，也有新锐设计师章明、网红设计师张海翱等。纵观本期工作营的整体情况，参与这次活动的都是有情怀、有能力、有想法的优秀设计团队，工作营不是比赛，而是要汇聚众人智慧，面对共同的挑战，一起探索古城保护和复兴的路径。在为期1个多月的设计周期中，设计团队在坚持保护与更新并重、传承与发展兼顾的前提下，通过深入的观察和思考给出了各自的创意方案，共同探讨苏州古城复兴的新模式、新理念和新技术。区别于常规的方案招标和设计竞赛，本次工作营没有给设计师们具体的方向和明确的要求，甚至没有给出评审委员具体的评分标准，其用意就是留给设计师们发挥创意的空间，根据

传承与创新并重的原则，拿出"开放式"的设计方案，也确保了评审委员在理性与感性的平衡下，给予团队更有价值的指导和评判。以我的理解，这样才能真正发挥优秀设计师的聪明才智，涌现新思路和"金点子"。

古城民居的更新不仅仅是建筑的更新，也应当是一种生活方式的变革。通过保护与更新，把不同阶段生活记忆的元素留在更新的载体中，同时采用新技术、新材料、新概念"活化"苏州古城民居，加上一些政策的支持，对接新群体的生活与工作所需要的新空间、新需求，使保护更新具有文化性、生活性、时间性。

古城如何融入现代生活、融入现代城市的发展，不仅是苏州的难题，也是全国许多城市面临的难题。这次"工作营"的举办，是为了吸引更多的优秀设计师用他们的灵感、他们的创意、他们对苏州的认识来为古城复兴和保护贡献自己的智慧。希望"工作营"这种活动形式在苏州能常态化，吸引更多理论工作者、实践者包括感兴趣的企业共同关注，破解古城保护中遇到的问题。

中国建筑设计研究院有限公司总经理助理

副总建筑师

仲继寿

基地情况

横巷 11 号

区位位置

横巷 11 号位于苏州平江历史文化街区核心保护区，地处横巷与草庵弄交叉口，中张家巷北侧、仓街西侧，平江路东侧，靠近古城护城河（大运河体系）和世界文化遗产耦园。

现状特征

现存旧宅坐北朝南，为两落两进带附房宅院。其总体院落结构较为完整，保持了民国住宅建筑的传统风格。西落由一层大厅和二层楼厅组成，东落为一层偏厅。现存旧宅建筑面积 712.5 平方米，占地面积 686 平方米。其中，大厅内四界，前轩船篷轩，其内部早期梁架结构保存完好。

设计要求

横巷 11 号是平江历史文化街区风貌的组成部分，《苏州平江历史文化街区保护规划》确定其为修复建筑，应按照规划的要求进行修缮，建筑高度维持现状，建筑风貌和形态应与古城风貌和肌理相协调，延续横巷 11 号两进民国传统建筑风貌特点的基础上，鼓励创新性发展和传承。

大厅外墙

楼厅屋顶

大厅梁架

楼厅外墙

孝友堂张宅（建新巷 30 号）

后楼厅外观

前楼厅梁架

前楼厅外观

后楼厅一层外观

区位位置

孝友堂张宅（建新巷 30 号）位于苏州平江历史文化街区核心保护区，西接临顿路，东邻平江路，南侧离城市主干道干将路不远。

现状特征

"孝友堂"为张氏家族的姓氏堂号。《诗经·小雅·六月》记载："侯谁在矣，张仲孝友。"张仲以孝友闻天下，故有"孝友堂"。张家历代名人辈出，在苏州有多处故居。孝友堂张宅（建新巷 30 号）一度成为苏州地区锡剧团驻地，后成为苏州广电集团的演员公寓。现存旧宅坐北朝南，三落五进，其总体院落结构较为完整，保持了民国住宅建筑的传统风格。设计范围为旧宅东落北侧的两进楼厅带附房，其中两进楼厅均为二层建筑，附房为一层建筑。建筑面积共计 1482.05 平方米，占地面积 1276 平方米。目前，两进楼厅为苏州市控制保护建筑，内有船篷轩及鹤颈轩，梁架为圆作，木柱有柱础，附房内部梁架为内四界前双步后廊式，梁架圆作。

设计要求

孝友堂张宅（建新巷 30 号）是平江历史文化街区风貌的组成部分，《苏州平江历史文化街区保护规划》确定其为修缮建筑，设计应按照规划的要求进行修缮，建筑高度维持现状，建筑风貌和形态应与古城风貌和肌理相协调，以复原性修复为首要任务，保证真实、完整地延续其民国传统建筑的风貌特点和两进楼厅的宅院文化特色，并鼓励用于居住、文化和商业等功能的创新活化利用。

工作营团队

工作营评审专家团队由原建设部副部长、中国建筑学会原理事长宋春华先生领衔，多位两院院士、全国工程勘察设计大师，以及长期致力于历史遗产保护的建筑名家共同构成。评审专家团队为工作营设计项目全过程提供科学引领和悉心指导。

评审专家团队

本期工作营评审专家有：

宋春华
原建设部副部长、
中国建筑学会原理事长

修 龙
中国建筑学会理事长

王建国
中国工程院院士、
东南大学建筑学院原院长、教授

常 青
中国科学院院士、
同济大学建筑与城市规划学院教授

曹嘉明
中国建筑学会副理事长、
上海建筑学会理事长

刘 力
全国工程勘察设计大师、
北京市建筑设计研究院顾问总建筑师

时匡
全国工程勘察设计大师、
苏州科技大学教授

唐玉恩
全国工程勘察设计大师、
华东建筑集团股份有限公司资深总建筑师

吕舟
清华大学建筑学院教授、
国家遗产中心主任

仲德崑
东南大学建筑学院教授、博士生导师
深圳大学建筑与城市规划学院名誉院长
江苏省土木建筑学会建筑创作委员会主任

张彤
东南大学建筑学院院长、教授

李存东
中国建筑学会秘书长、
中国建筑设计研究院风景园林总设计师

参与设计团队

（按首字笔画为序）：

AARCH-MI 公司

CCDI 悉地（苏州）勘察设计顾问有限公司

上海交通大学设计学院奥默默工作室

上海原构设计咨询有限公司

山东华科规划建筑设计有限公司

天津滨海规划建筑设计有限公司

中衡设计集团股份有限公司

中科院大学建筑研究与设计中心

中科院建筑设计研究院

中信建筑设计研究总院有限公司

北京国文琰文化遗产保护中心有限公司

北京汉能薄膜太阳能电力工程有限公司

北京五合国际工程设计顾问有限公司

汉能太阳能设计研究院

华南理工大学建筑设计研究院有限公司何镜堂建筑创作研究院

同济大学建筑设计研究院（集团）有限公司原作设计工作室

西交利物浦大学建筑系

泛亚景观设计（上海）有限公司

启迪设计集团股份有限公司

苏州大学金螳螂建筑学院

苏州蜂鸟园林设计工程有限公司

苏州市建筑科学研究院集团股份有限公司

苏州天易居装饰工程有限公司

苏州园林设计院有限公司

陆霖建筑设计咨询（杭州）有限公司

建设综合勘察研究设计院有限公司明月来 MYL 建筑工作室

深圳毕路德 BLVD

叠合 · 新生

设计单位：
　　同济大学建筑设计研究院（集团）有限公司
　　原作设计工作室

主要成员：
章　明　同济大学建筑与城市规划学院建筑系副主任、
　　　　教授、博导
张　姿　同济大学建筑设计研究院（集团）有限公司
　　　　原作设计工作室主持建筑师
肖　镭　同济大学建筑设计研究院（集团）有限公司
　　　　原作设计工作室副所长
常哲晖　同济大学建筑设计研究院（集团）有限公司
　　　　原作设计工作室建筑师
范　鹏　同济大学建筑设计研究院（集团）有限公司
　　　　原作设计工作室建筑师

　　横巷11号的公共性和开放性改造的着力点在于通、达、透，基于对既有历史建筑的要素分析和梳理，带动历史街区活化更新。改造以"整旧如故，以小见大，有限介入，向史而新"为设计理念。"通达之宅"以路径为线索，将原本三组独立的宅院连为一个体系，并通过一组与原有溢出空间相回应的新建天台，完成了路径的立体化与园林化意向。"通透之宅"以庭院与连廊为基础，将原本内向的围合式空间拓展为彼此勾连嵌套的多层次空间。在保留原有屋顶的前提下，打通两组室内空间的界面，将各个院落与天井连为相互串通的空间，达到室内、室外一体化的初衷。"通用之宅"以社区居民与外来游客的双向需求为依据，适当调整室内格局，形成一组既能满足集体验工坊、手作展览、集市聚会为一体的文化体验功能，又可满足游客问讯、餐饮茶歇、住宿娱乐功能的横巷驿站，并可轻松完成两种功能的置换或复合。

从廊下看几个院落

苏州典型民居屋顶与院落形制研究

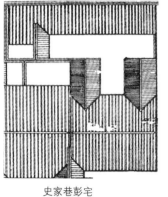 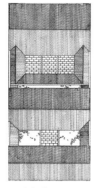 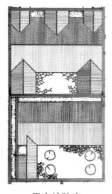

苏州典型民居平面形制研究

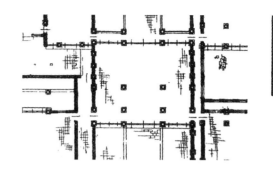

史家巷彭宅　　　　　　富郎中巷陈宅　　　　　　天官坊陆宅　　　　　　　　　史家巷彭宅

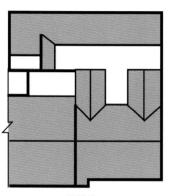 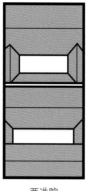 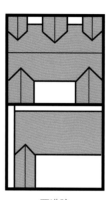

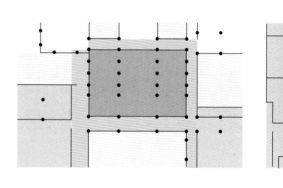

两进院
L 形建筑布局
U 形建筑布局

两进院
U 形建筑布局
一字形建筑布局

两进院
U 形建筑布局
L 形建筑布局

正房三开间 内无分隔墙，南北均有檐廊，东西
侧有厢房

正房三
有主要

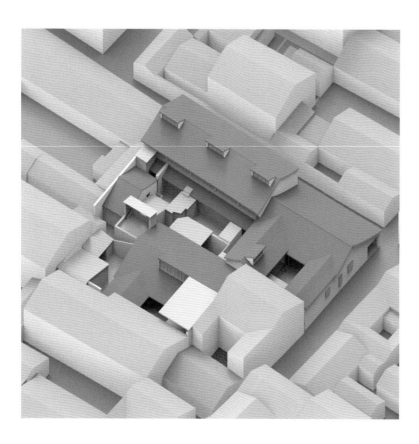

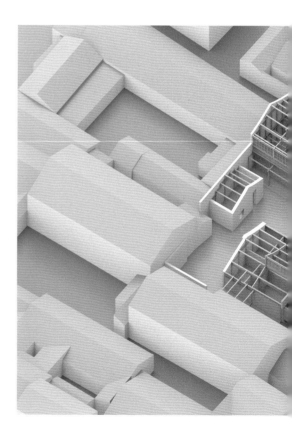

苏州典型民居结构形制研究

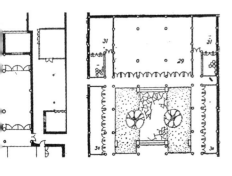

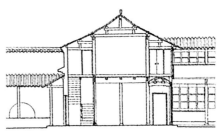

王府 　　　　　　　　天官坊陆宅　　　　　　　　碧凤坊金宅大厅　　　　　　　　蒲林巷吴宅

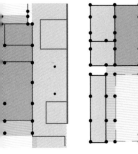

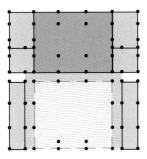

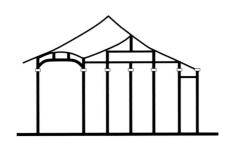

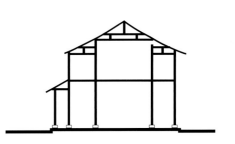

隔墙，南面
厢房

主体建筑面阔五开间，其中正
房三开间，东西侧隔为厢房

整体为草架式结构，采用五架梁
式；前段步廊有前卷（翻轩），
采用四架梁结构

抬梁式结构，一层南侧有檐廊

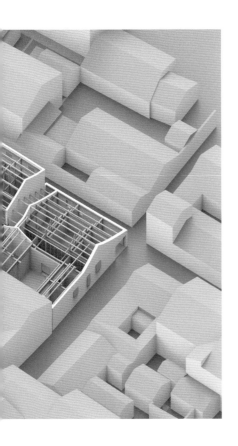

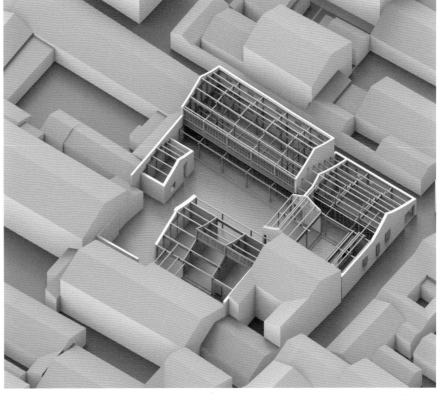

整旧如旧

通过对苏州典型民居的屋顶和院落的研究，我们发现现状三栋主体建筑分别为两层一字形布局、单层U形布局（东侧建筑）及单层L形布局（南侧建筑），主院落西侧东西向双坡顶建筑因内部木结构较为完整且资料年代显示为民国时期建筑，予以保留修复，其余建筑均判定为后期加建，建议拆除，恢复原始院落空间形制。比照典型苏州民居平面形制，现状建筑室内空间均已通过后期加建隔墙而改造为小隔间式室内空间，与既有木柱及开间并未对应。现场可见部分墙体外饰面涂料剥落，内部显露红砖，判断建筑内部除主厅与厢房分隔墙外均为后期加建，建议拆除，恢复原有三开间及五开间传统空间形制。除此之外，通过仔细甄别、考察横巷11号的各类元素，项目对原有结构进行了加固，并恢复了柱础等缺失结构构件。

在城市界面方面，我们观察了基地两个临街的部分和能够在街道上看到的建筑轮廓线。由于横巷宽度狭窄，入口空间逼仄，不利于未来公共人流引导，因此我们保留了北侧原有界面，开放原有门窗洞口，并退让一跨作为半室外的城市游憩空间，兼顾更新后的城市公共性和开放性。

有限介入

建筑作为一种关系而存在，恐怕是对场所的诗学最有力的注解了。

我们首先确定了需要保留的要素，整饬场地，拆除了加建建筑，如此，就恢复了原有的基本院落形制。通过构建通廊，三个院落的关系得以确立，但彼此之间又是通透而相连的。我们将屋面上部分的瓦置换为亮瓦，在不破坏城市界面的同时，增强北侧背弄的城市公共性，改善既有的空间采光条件。通过堆叠的手法，在院落的一侧植入一些功能模块，再在其上覆盖形成灰空间，形成园林中常见的叠石的景象。这些"小石头"采用完全现代的抽象材料，使其获得古意的同时又保持了时代特征。

以小观大

建筑的再生，不仅仅是关乎建筑的事情，还是关乎场所的事情，更是关乎城市的事情。

我们将横巷11号定位为传统文化的体验场所，与周边博物馆产生联动，形成传统文化观游流线。考虑到周边拥有较多诸如苏扇博物馆、评弹博物馆、昆曲博物馆、戏曲博物馆等展示场馆，横巷11号定位为传统文化体验，与周边形成互补，未来将设置公开课、

小课堂、匠人工作展，面向不同的年龄层，实现从展示到体验的转变。同时，这里也将成为社区驿站，建筑转角作为向周边社区提供日常服务的驿站，提升街角开放性，也通过这一开放的城市空间向内吸引人流。更新后的商业空间是前店后坊的经营格局，原本不对外的匠人坊开放转化为体验工坊，重建传统文化与新老访客的关系。

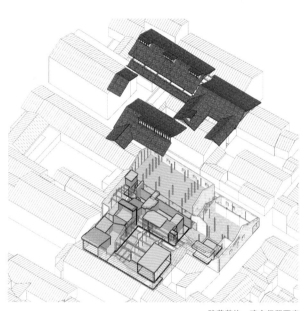

院落整饬，确定保留要素

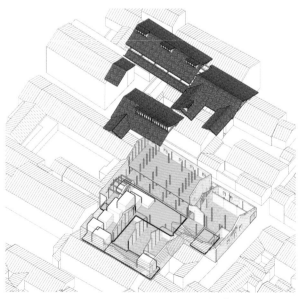

造园借景，形成特色院落

有限介入，整饬院落

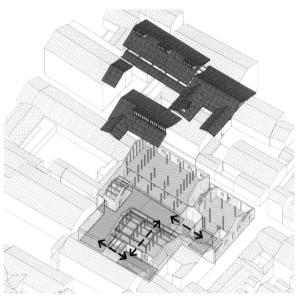

空间链接，三个院落建立关系

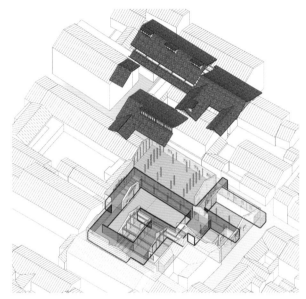

植入路径体系，串联空间

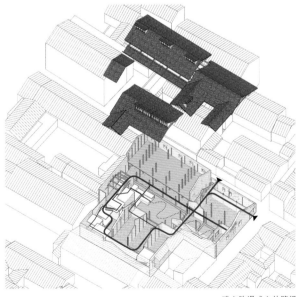

建立弥漫式立体路径

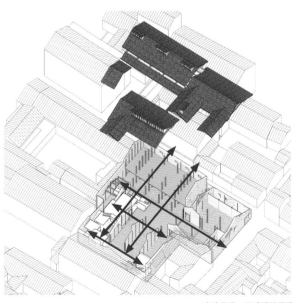

内外贯通，形成视线通路

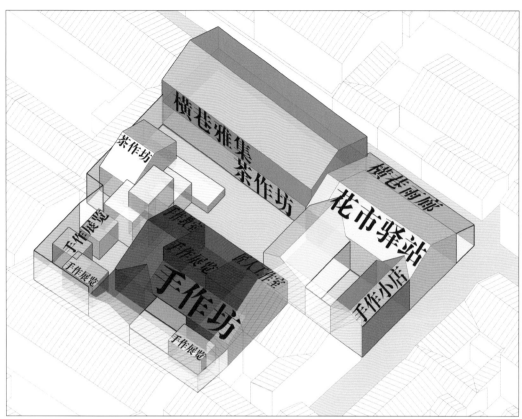

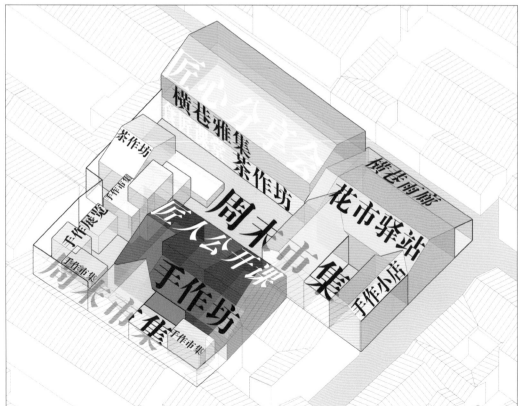

平日功能（上）与周末功能（下）图解

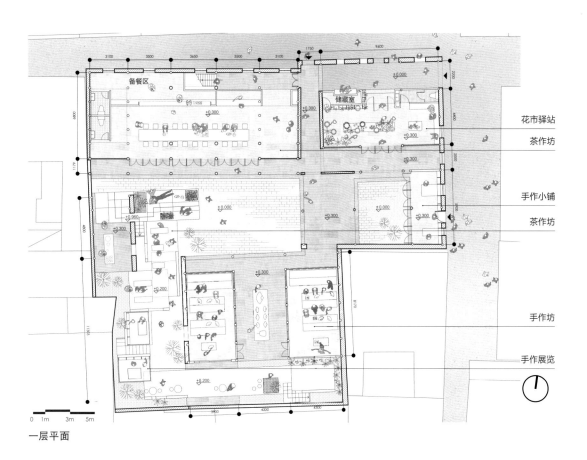

备餐区

储藏室

花市驿站
茶作坊

手作小铺
茶作坊

手作坊

手作展览

0 1m 3m 5m

一层平面

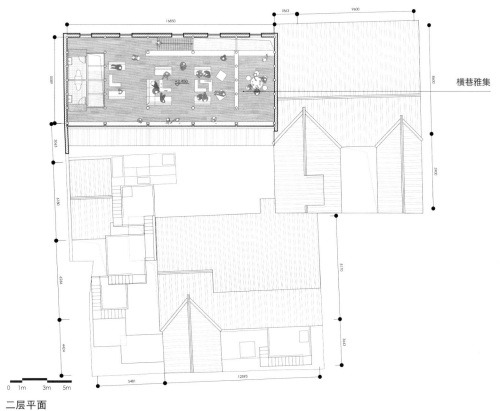

横巷雅集

0 1m 3m 5m

二层平面

2.7m

用地范围

4.0m

2.4m

横巷

2F H=9.0m（最高点） A

H=6.5m（最高点） B 1F

4.7m

草桥弄

1F H=6.0m

H=6.4m（最高点） C

0 2 5 10m

总平面

向史而新

向史而新，建筑的目的既在于包含过去，又在于将这些过去转向未来。城市的未来，取决于现在我们看待过去的态度。

横巷 11 号包含了平日和周末两种功能模式。平日以社区驿站和手作小店为主，而一到节假日，三个院落能够贯通，举办周末市集、匠心分享会、匠人公开课等活动，充分挖掘这一老房子的独特魅力。

历史是一个"流程"的主张，一如既往地贯穿于我们诸多的改造案例中，在苏州横巷 11 号中亦然。这种偏向于实证主义的立场将历史看作连续且不断叠加的过程，这个历时性的特征与自然法则相类似。历史的原真性不再以一种封闭的法则或系统呈现，而是在充分尊重原始状态的基础上承认并接受不断叠加的历史过程。这就是"叠合的原真"的改造主张。

"叠合的原真"重新定义了一个"原真性"状态——适度维护既成的当下状态。在充分保护建筑原始状态的前提下，对后续的变更状态进行有条件的保留。横巷 11 号在改造之前已经历近百年的历史变迁，几经易主，留有不同时代的鲜明印记。如果把建筑初成时的状态称为第一历史，经过变迁所得到的现状称为第二历史的话，那么此次改造所开启的有可能就是它的第三历史。我们所定义的"原真性"状态是第一和第二历史的叠合，因此不能简单依据"原结构、原形制、原材料、原工艺"的原则对其进行单纯的文物式的保护，而将第二历史简单地一概抹去。留下什么、恢复什么、去除什么，这需要建筑师的价值判断。正如卢永毅教授所言："历史建筑的价值保存是充满矛盾的，在这些矛盾中，是艺术的真实还是历史的真实是原真性问题的焦点所在，也是保护实践中的困难所在。"

院落内看老建筑

"叠石成山"的内院

入口

入口前廊透视

影像厅内景

专家点评

　　该方案提出"有限介入""以小观大"和"向史而新"的概念，在实现苏式的复兴的同时，突出了苏州的风格。方案提供了一个空间构架，其中的功能是可以变化的，有"四两拨千斤"的感觉。此外，该方案设计逻辑和观念引出特别清晰，并且从初评到中期评审再到终审，设计理念一直延续，有较强的设计定力，这是方案成熟的表现。方案在设计手法上相当娴熟，目标明确。从示范性的角度讲，方案接受度很高，具有很强的现实意义。

一方院

设计单位:

华南理工大学建筑设计研究院有限公司
何镜堂建筑创作研究院

主要成员:

【建筑设计】

何镜堂　中国工程院院士，全国勘察设计大师，华南理工大学建筑设计研究院有限
　　　　公司董事长兼首席建筑师，教授，博士生导师
吴中平　何镜堂建筑创作研究院常务副院长，中国建筑学会青年建筑师奖，博士
郑少鹏　何镜堂建筑创作研究院副院长，中国建筑学会青年建筑师奖，博士
黄　瑜　何镜堂建筑创作研究院，博士
杨骏威　薛长瑜　张宏伟

【历史研究】

冯　江　华南理工大学建筑学院建筑系教授，博士生导师，建筑学院建筑系副主任，
　　　　广东省文物保护专家委员会委员
费之腾　李嘉泳

设计概述

　　横巷 11 号是苏州平江历史街区中一处传统民居，既蕴含着街区风貌的特殊价值，又存在着片区衰败的诸多代表性问题。横巷 11 号改造设计关注平衡保护与更新，反映历史与当下，兼顾物质环境提升与社会经济等综合因素调整，是在地域性、文化性与时代性基础上对古城有机更新的思考。

　　在这里，我们追溯历史，研究建筑现状，提出层级化修缮改造策略；顺从街区文脉与传统建筑内涵，整合以似古而新的空间体系；探寻场地的历史记忆并恢复与重建活力的公共空间；置入现代功能，形成可持续更新发展。改造后的横巷 11 号，是融入历史街区肌理、蕴含场所精神的"一方之院"；是新旧并置、展现建筑动态历史的"立体之院"；是汇集多元人群、迸发持续活力的"共享之院"。

　　我们希望通过一方院探寻延续历史文脉下传统民居保护再利用的方法，并通过院落的有机更新对周边片区乃至整个历史街区产生影响，最终促成街区的复兴。

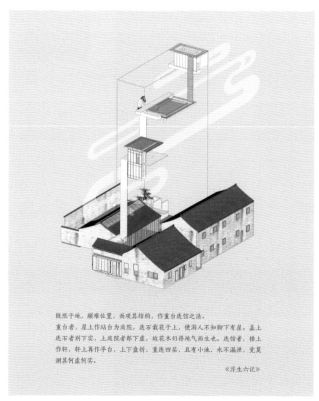

既限于地，顺唯位置，而观其结构，作重台选馆之法。

重台者，屋上作站台为庭院，选石栽花于上，使游人不知脚下有屋。盖上选石者则下实，上庭院者即下虚，故花木例得地气而生也。选馆者，楼上作轩，轩上再作平台，上下盘折，重选四层，且有小池，水不漏泄，竟莫测其何虚何实。

《浮生六记》

设计概念图一

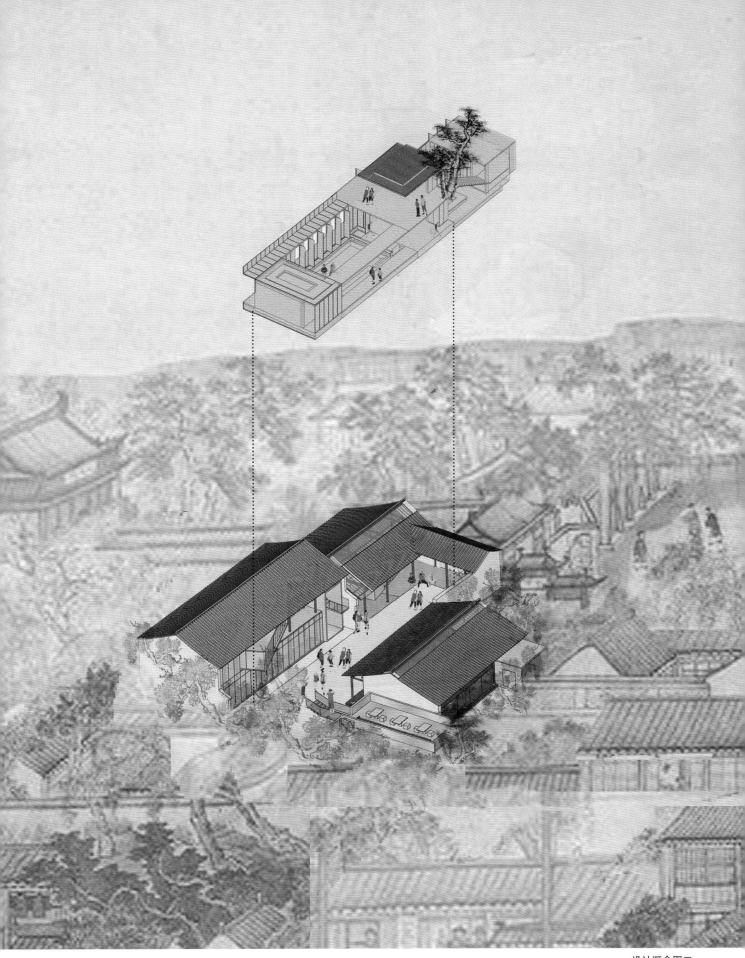

城市遗产
古城肌理、水路格局、宅院组织、文化智慧

街区内基础设施陈旧，建筑质量参差不齐。传统民居建筑年久失修，私搭乱建现象普遍

公共空间短缺，古城居民缺少便利生活的服务与促进交往的场所

物质风貌
水街巷道、庭院幽幽、粉墙黛瓦、飞檐反宇

不均衡的城市建设下，新城区快速发展与老街区持续衰败加剧了古城空心化现象

年轻活力人群因工作便利与生活需求搬离老城区，历史街区人口结构呈现严重老龄化

人文记忆
古城肌理、水路格局、宅院组织、文化智慧

环境破旧下房租低价，使大量低收入、难管理的外来务工人员涌入历史街区，加剧了古城保护工作的阻力

以平江路横巷 11 号所在的历史街区社区为例：
常住人口：7154 人
户籍常住人口：5543 人
外来常住人口：1611 人

古城解读：保护 / 传承什么

古城解读：更新 / 发展的困境

更新策略思考

（1）概念一：混合社区

在传统的居住片区置入非居住性质的新型业态，形成居住、办公、商业等多元的混合社区，构建多元的现代生活，以此引入新的青壮年常驻人员应对古城空心化、人口结构老年化和外来人员造成的低质化，激活历史街区活力。

位处深巷交叉口的横巷11号需要有较强目的性的人流引入，其业态应该具有一定的公共特性，且应容纳新时代的新功能，使得人群回流的数量对古城形成可识别的影响。

（2）概念二：共享时代

设计开放的功能空间，增加社区共享的公共空间，改善社区整理环境氛围，提升地块社会、经济、文化等综合效益，带动周边区域租金上涨，形成可持续发展。

（3）概念三：微小介入，催化形成良性效益

如同"都市针灸术"概念的微型应用，本方案试图通过对街区"敏感穴位"（古城内拥有许多与横巷11号特征相似的民居建筑）的"微小介入"对该目标建筑进行活化更新，并对周边区域乃至平江街区的更新产生"催化作用"，从而为片区带来良性效益，推动街区整体复兴。

更新策略思考

引入办公业态，落地运营

· 共享办公带来经济收益

以威海路696号We Work中国旗舰办公点为例，将建于20世纪初的别墅改造成为古典与现代相结合的优美工作场所，人们在此联结，激发更多创造力

· 专题性办公延续文化效益

姑苏霓裳、昆曲之家、苏绣民俗文化、艺术研究中心、设计展览、设计产业、大师工作室、教育培训……

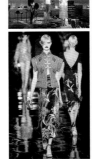 

· 空间包容多样活动

品牌特展、大师特展、Teamlab……解构原有建筑空间，构筑富有地域特色且具空间包容性的活动场所

功能更新运营思考

历史研究与更新策略

（1）建筑现状评估

慎重思考传统建筑的保护与更新，首先从保存状况、本体价值对周边环境影响三方面对横巷11号各建筑的体量和不同部位进行综合价值评估，为后续更新策略设定保护基调，提出有强针对性的修缮改造建议。

以下以正厅评估分析为例。

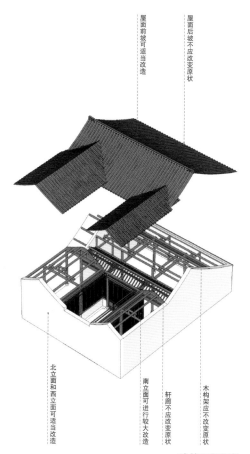

建筑现状评估

建筑现状评估表

单体	价值部位	本体遗产价值	对周边片区影响	保存状况	修缮改造建议
正厅	综述	是组群中的主要建筑，建筑质量较高	朝向街角，影响较大	保存状况较为完整	可按原形制修复或按功能需求局部改建，但不应影响所在片区风貌
	瓦屋面	较典型的双坡阴阳瓦屋面，无装饰	前坡朝向内庭院，对周边片区风貌影响较小；后坡朝向巷道，对周边片区风貌有一定影响	基本保存原状	后坡应保存原形制，前坡可根据功能需求进行改建，但不应对木构架造成影响
	木屋架	典型的苏州民居厅堂木构架，艺术价值较高		基本保存原状	建议保留并展示现状木屋架
	立面	原立面推测应为较典型的苏州民居做法，现状改变较大	南立面朝向内庭院，对周边片区风貌影响较小；北立面和东立面朝向巷道，对周边片区风貌有一定影响	南立面被封砌，原前廊门窗不存；北立面和东立面仍为粉壁，但后开门窗洞口若干	南立面可按传统建筑形制复原，亦根据功能需求进行改造；北立面和东立面应保存原材质与虚实关系，具体门窗位置及样式可根据功能需求调整

（2）风貌复原研究

横巷11号传统民居经多次加改，现状较为杂乱，通过对现状梁架、用材等研究，推测其原装应主要由正厅及厢房、楼厅、偏厅和曲尺形庭院组成，其余建筑均为加建。

通过计算机建模手段，移除后期加建部分，并对建筑形制与细部进行考证复原，得到横巷11号原风貌意向，作为设计策略的重要参考。

横巷11号传统民居复原意向图

（3）建筑修缮改造策略

基于建筑价值评估得出横巷11号传统民居的主要价值保护部位是其主体建筑的木构架和建筑面向周边历史街区的传统立面形象。除此以外，楼厅二层屋面、正厅屋面北坡与外立面应保持原状；东厢房及偏厅可在保持原体量的前提下进行局部改建；西厢房、楼厅前廊则可以在原址上根据功能需求用现代建筑语言重建；庭院内后期加建的建筑应予以拆除。

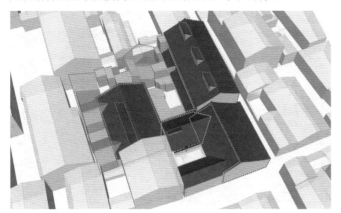

建筑修缮改造策略

（4）设计关注点：历史与当下

《平江历史街区控制性详细规划》中不同使用性质的地块分为保护、更新改造、转变功能及保留三类。

①保护地块

各级文物保护单位、控制保护建筑、不可移动文物登录点成片的传统民居。

②更新改造地块

改造时落实低碳城市、海绵城市设计理念，有条件建设低影响开发设施和绿色建筑。

③转变功能地块、保留地块

保留地块内现有建筑，以保持现状为主。

（5）更新策略

以四种更新改造方式干预程度逐渐增大。同一个历史片区中不同类型的地块应该采用不同的保护方式分类讨论，互为补充。

①各级文物保护单位、控制保护建筑、不可移动文物登录点——重点保护，修旧如故；

②保留地块——保留现状，部分功能调整；

③成片的传统民居——有机更新，历史城区重要补充；

④更新改造地块——开发改造，历史的当代延续。

成片的传统民居是平江历史街区中最常见、占地面积最大的建筑形式，应该在历史的背景下更多地思考当代建筑的责任，展现时代精神包括以下几个方面：

①历史城市是历史和当前发展的动态层积；

②强调城市历史的可读性，反对模仿历史风格的设计；

③期望当代建筑在历史环境中发挥积极作用；

④历史环境中反映时代文化的当代建筑，是历史性城市景观价值的有益补充。

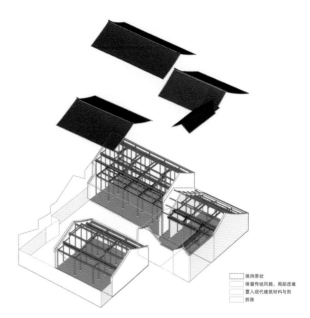

建筑改造更新策略图一

建筑改造更新策略图二

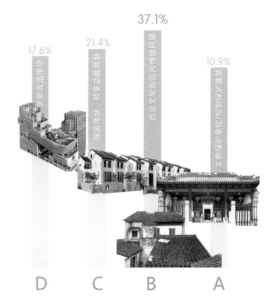

建筑改造更新策略图三

鸟瞰效果图

首进公共空间——梧桐院效果图

造院·应地

（1）场地要素与回应

①通过空间设计联系街巷—基地建筑—标志建筑形成片区场域；

②基地内部注重对景标志建筑，强调片区特色景观；

③基地建筑外界面与周边民居保持连续性，整体风貌统一协调；

④基地内部置入新体量，新旧并置整合；

⑤立体化设计增加空间层次与体验趣味性；

⑥各体量联系使基地内各院落空间路径畅通、层次分明。

（2）场所要素与利用

①场所记忆：梧桐巷口

通过走访和观察得知，项目所处的横巷与草庵弄交叉口尺度相对巷道有所扩大，是附近居民交往、享受阳光的场所。此处曾有两株梧桐树，树荫之下承载了诸多的邻里交往与互动，后因管线施工梧桐树被拔除，形成了当前的交口状态。

②标志建筑：全晋会馆（中国昆曲博物馆）

全晋会馆是场地周边最重要的文化遗存，除在业态与整体氛围上对基地可能产生的间接影响外，该会馆主厅优美的屋面与周边民居坡屋面形成既统一又特殊的微妙的景观场景，既体现了苏式民居的整体美感又隐蕴着昆曲艺术的精神暗示，具有极佳的景观利用价值。

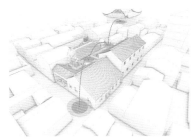

场域

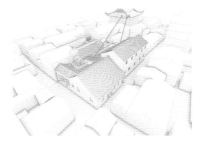

对景

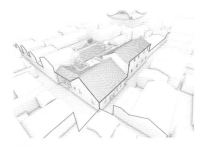

界面

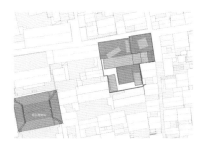

置入

立体

连接

场所要素：重檐对景

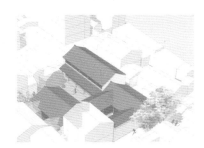

场所记忆：梧桐巷口

造院 · 寻古法

（1）空间组织和功能布局

分析苏州传统民居空间及功能秩序，转译设计后的一方院仍是落落相邻、层层递进、备弄串联、厅院交织。

正落空间规整秩序，承担公共活动，由外向内私密性逐渐加强。

边落空间布局自由，包含花园、书房、辅助服务等功能。

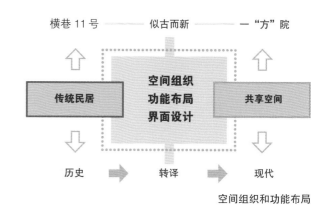

空间组织和功能布局

空间组织和功能布局研究

	落	进	备弄	正落序列	边落空间
周庄张宅					
大新桥巷彭宅					
横巷十一号·一方院					

（2）界面设计

抽取传统民居立面门窗比例和纹饰，用现代金属材质重新演绎，似古而新，苏韵犹存

参考传统民居中透水地面材质，选取青砖、卵石铺地，自然古朴

界面设计一

界面设计二

造院·一方之院

（1）一"方"载形

一方之体，一方之形——概括了改造设计操作中新置入的立体院落的"方"之形态。

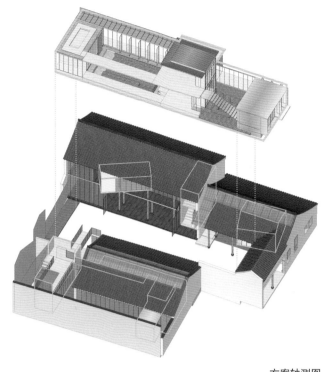

方案轴测图

（2）方——传统院落形态

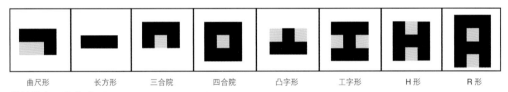

| 曲尺形 | 长方形 | 三合院 | 四合院 | 凸字形 | 工字形 | H形 | R形 |

苏州住宅八类典型平面

苏州住宅街区组合关系

（3）众"方"构体

院落是苏州传统城市肌理和建筑空间的基本组织方式，普遍存在于平江街区内，形成联动的"多方院"。通过对散落街区各处院落的激活，可促成古城复兴激活的良性机制。

方院群

从"方"构体

传统院落形态研究图

造院・立体之院

（1）空间组织

一方院构建的立体化庭院体系的两大增益在于：

①立体化的空间结构极大丰富了院落的浸游体验；

②实现部分空间共享的同时保证了明确的公私分区。

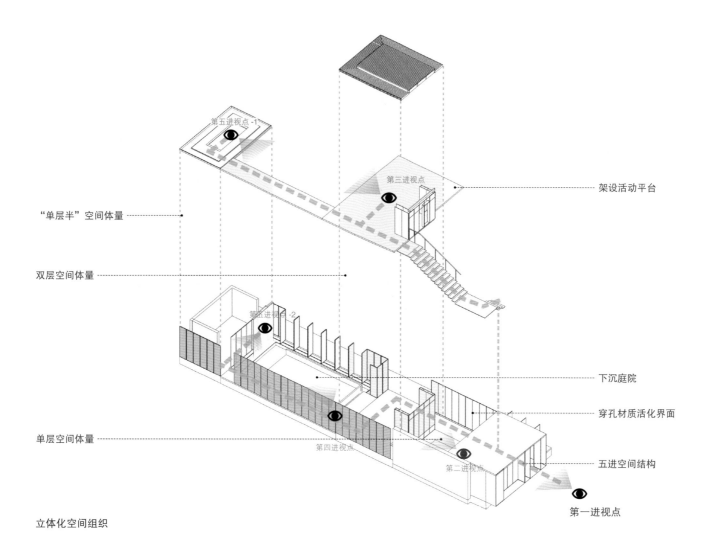

"单层半"空间体量

双层空间体量

单层空间体量

架设活动平台

下沉庭院

穿孔材质活化界面

五进空间结构

第五进视点-1

第三进视点

第五进视点-2

第四进视点

第二进视点

第一进视点

立体化空间组织

A-A 剖面图

（2）主轴空间节点·一方院空间序列

I. 入口 | 取景匣 (公共区)

II. 梧桐庭 (公共区)

III. 忘言台 (2 层公共区)

IV. 鸣水院 (办公区)

V. 茶室屋面卡座 (2 层公共区)

VI. 茶室 (办公区)

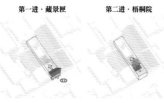

第一进·藏景匣　　第二进·梧桐院　　第三进·忘言台　　第四进·鸣水院　　第五进·静思园

造院·共享之院

一方院通过对下述空间的操作实现对街区的共享概念：
①延续街区记忆的主入口处第一进院（梧桐院）；
②院落立体化所形成的二层院落平台。

水平向公私分区

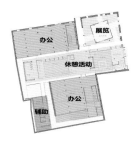

功能布置

首层公共流线

首层办公流线

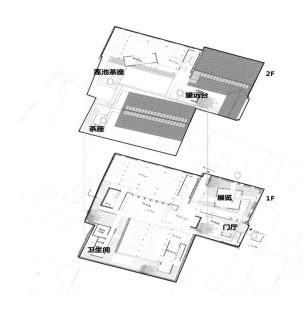

公共立体流线

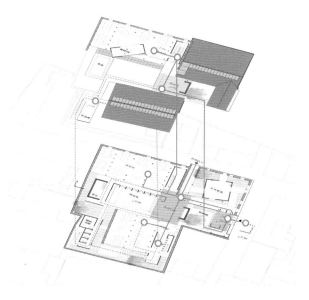

办公立体流线

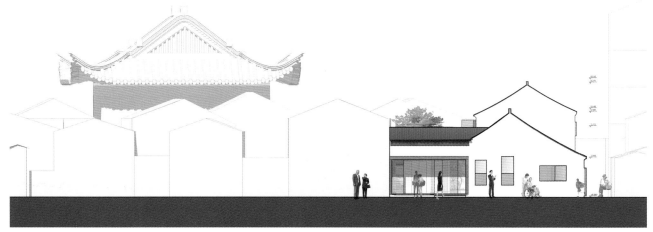

东立面图

次出入口

公共展览

主出入口

办公区

办公门厅

门厅

±0.000

梧桐庭

鸣水院

−0.600

−0.300

茶室

办公区

阅览室

辅助功能

上

N

0M 2M 5M 10M

二层及局部夹层平面图

首层平面图

西南隅二层平台回望

正厅室内效果图

偏厅室内效果图

专 家 点 评

　　该方案比较灵动、超脱。运用了"并置"的概念,通过新与老的对置和对比,让人们看到了建筑从过去到现在的功能上的改变,不仅令人耳目一新,也使得古建形态和聚落完整性得到了更好的传承。方案通过"重塑",植入新的理念,寓古为新,再造了空间,对空间尺度的把握是相当好的。该方案很成熟,其设计理念贯穿评审的始终,设计定力很强。

人间烟火·风花雪月

设计单位：
上海交通大学设计学院奥默默工作室

主要成员：
张海翱　上海交通大学设计学院副教授
姚奇炜　徐　航　朱婷婷　李纪鸿　曹家昌
孙加蜜　殷芳程　苏晓鹤　杨亚东　李　刚
赖子升

设计说明

　　横巷 11 号，一个曾经充满烟火气的市井之所，伴随着城市的不断发展、扩展，渐渐被世人遗忘在了历史的尘埃中。我们的改造策略的核心在于带回人的活动，寻找留存的记忆，拒绝布景式的高端商业，着力打造有记忆的烟火气。并且让烟火气息和精致生活并存，互相支持，让横巷 11 号成为新的社区催化剂。设计思路一方面是通过在地的走访与调研，梳理出横巷 11 号周边百姓的真实诉求，例如大儒巷修锁的李大爷在工作之余，还喜欢听听小曲、修修钟表。通过对大量百姓调研样本的归纳总结，勾勒出横巷 11 号的日常性人间烟火。另一方面是高端商业运营的功能需求及可变功能的非日常性诉求，通过人间烟火（接地气的功能）带动"诗与远方"（高端业态），双管齐下，打造有活力的社区复合综合体。

设计意象

人间烟火：柴米油盐也有诗和远方

在街区中既要引入新的事物、故事，亦要保障本地居民的生活环境，所以此次改造以构建"人间烟火：柴米油盐也有诗和远方"作为此次项目的核心思路，从"柴米油盐"到"诗和远方"分别提取出生活和精神性的两个关键点，通过联动的深入探讨，以"美学""社区营造"去改善城市街道至邻里间社区的生活环境，再利用推广、网络等方法作"传播示范"，以达"整理城故，再造文明"。

（1）走入街区·发掘故事

在"人间烟火"的思路中，分成三个部分：人间百态、日常与非日常；从前两部分出发走在街区发掘其本土故事，提取出四个场境；联系在一起，形成3.0——"风""花""雪""月"。

①1.0—人间百态

通过对周边作详尽调研，对街区行人、邻街居民、菜场商店作访谈，撷取出平江路老景区、小桥流水人家、闲趣茶楼评书、人群川流不息、特色美味小吃、横巷错综复杂的基地场境。

②2.0—日常与非日常

在社区更新中需要调理日常性和非日常性，在买菜、社区菜场、手工作坊以及表演活动、青年旅社、儿童教育之间希望达到更多的联结。

③3.0—风花雪月

从"柴米油盐"带向"诗和远方"，此次方案在观察人间百态、平衡日常与非日常的情景下，引至诗情画意、煮雪饮茶、闲话人生的生活情境，并从中细听多个人物发生的小故事，提取出一个巷子中的风花雪月这四个场境故事。

（2）一个巷子·四个故事

历史　　　断裂　　　传承

①风

一个饱受风霜的赵老爷——一辈子住在平江路，具有街坊爱不释手的裁缝手艺。然而，房屋租金水涨船高，他被迫离开充满回忆的小巷。街坊时刻都念叨着这位老爷什么时候回来……

②花

祖国的花朵PP酱——从小怀揣明星梦，却因为培训班学费过于昂贵而被妈妈拒绝……女儿的梦想被扼杀在摇篮中。（在小康社会中，每人都有发明星梦的权利）……

相识　　　别离　　　重逢

③雪

多年以后回苏州的小雪——随着老城的衰败，小雪在小时候就移民到了国外，大学毕业后回到横巷11号……没想到……曾经破败的家变得如此精致。而青梅竹马的那个他，就在拐角的咖啡吧……

④月

姑苏诗人白树——青山在远，与月相伴……而厚重的姑苏古城中，老房子却一个个被拆除。寻寻觅觅，蓦然回首，明月照耀下的横巷精品酒店，百年如斯，仿佛凝固了时间。

概念引入

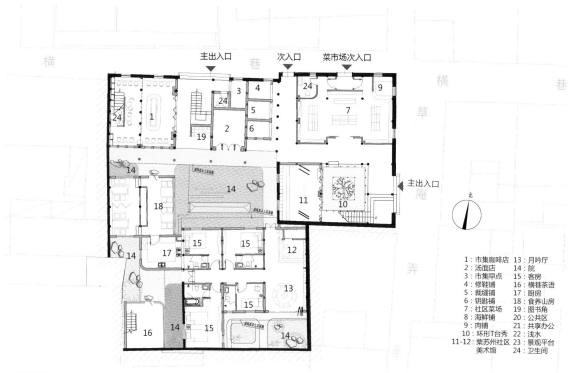

一层平面

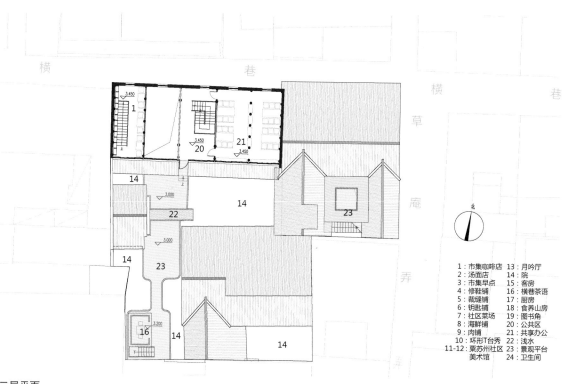

二层平面

1：市集咖啡店　13：月吟厅
2：汤面店　　　14：院
3：市集早点　　15：客房
4：修鞋铺　　　16：横巷茶语
5：裁缝铺　　　17：厨房
6：钥匙铺　　　18：食养山房
7：社区菜场　　19：图书角
8：海鲜铺　　　20：公共区
9：肉铺　　　　21：共享办公
10：环形T台秀　22：浅水
11-12：粜苏州社区 23：景观平台
　　美术馆　　　24：卫生间

1：市集咖啡店　13：月吟厅
2：汤面店　　　14：院
3：市集早点　　15：客房
4：修鞋铺　　　16：横巷茶语
5：裁缝铺　　　17：厨房
6：钥匙铺　　　18：食养山房
7：社区菜场　　19：图书角
8：海鲜铺　　　20：公共区
9：肉铺　　　　21：共享办公
10：环形T台秀　22：浅水
11-12：粜苏州社区 23：景观平台
　　美术馆　　　24：卫生间

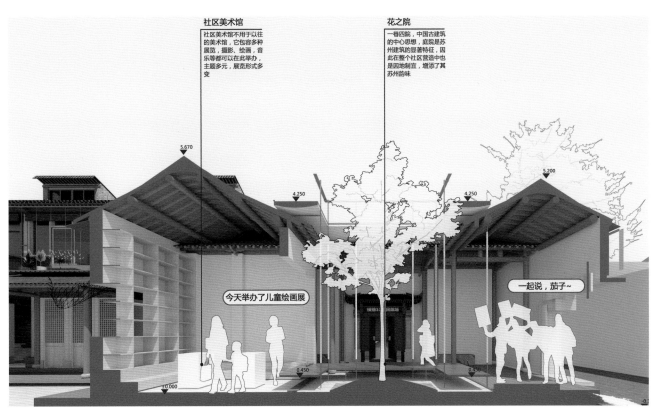

社区美术馆
社区美术馆不用于以往的美术馆，它包容多种展览，摄影，绘画，音乐等都可以在此举办，主题多元，展览形式多变

花之院
一巷四院，中国古建筑的中心思想，庭院是苏州建筑的显著特征，因此在整个社区营造中也是因地制宜，增添了其苏州韵味

今天举办了儿童绘画展

一起说，茄子~

风之院
从入口进来，着眼看见的便是横巷11号中的主院，设计理念取源于风，风虽无形无影，但是石头，水面上都留下过它的痕迹，就像这曾经的过往

图书角
在公共空间设置图书角是希望让年轻一代走入生活，体验人间百态

入口门庭
中国民居的生活讲究"厅"，它是一家人主要的活动空间，也是接待亲朋好友最重要的场所，在入口打造一个厅堂空间，也寓意着希望这是一个像家一样的地方

楼上是一个创意工坊

小庭院很有意境

方案剖透视图

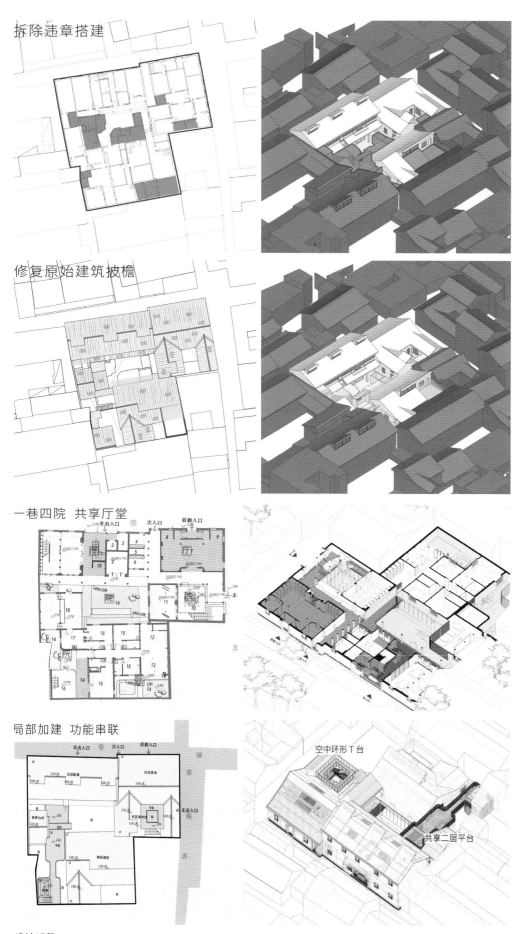

拆除违章搭建

修复原始建筑披檐

一巷四院 共享厅堂

局部加建 功能串联

空中环形T台

共享二层平台

设计手段

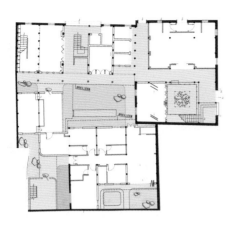

共享空间

公共走道

室外廊道

入口

室外平台

日常·非日常

平衡本地居民生活和商业发展是城市更新的重要策略，此次方案亦将此分为日常与非日常两个视点，进行联动和探讨。

（1）日常

从这一街区居民的日常生活观察，得出社区中交流是最为频繁的活动，从而给予他们共享空间和社区服务，以下亦将这两个功能分区作细述。

①共享空间

从本地居民的日常交流中可以看到共享空间的重要性，通过扩大一层半外部空间的面积、于入口增设座椅来强化休憩的活动可能。结合这一街区的江南文化背景，于半外部空间中设置公共廊道、内院，以加强这一街区的本地性。在二层空间增加内部空间之间的联系。设置室外平台，丰富空间中人们的联系和室内人们的交流。

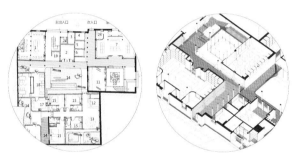

公共走道

②社区服务

除了交流，居民的衣食住行也是非常重要的。在区域内西侧构设社区菜场来解决居民吃的问题，并在其附近的小区块设置手工作坊来解决穿的基本问题，同时引回老匠人的手工技术；于菜场南边设置社区美术馆，其包含展览、摄影、绘画、音乐功能，外部空间为环形 T 台，加强人与内部空间的互动，拉近艺术与民居的距离。通过非日常与周边联动，提升当地居民的精神品质。

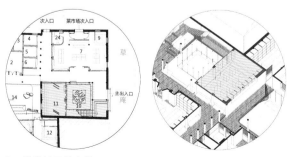

SU 苏州社区美术馆

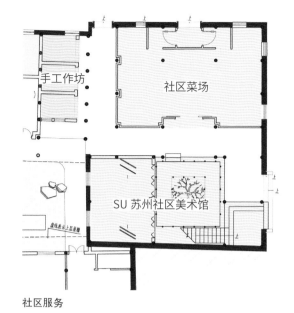

社区服务

美术馆内部

菜场内部

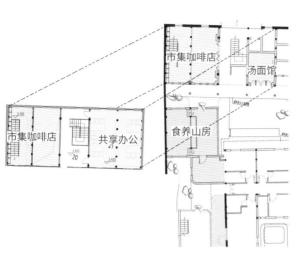

商业经营

共享办公

公共走道

食养山房

（2）非日常

改善居民生活同时引入商业是带动社区发展、振兴的新趋势，此次更新旨在发掘本地性、加强文化传播，以推动周边居民、街区商业发展。将非日常分成商业经营和精品酒店探讨，达致旅游业与居民生活共生的关系。

①商业经营

商业经营可以收回用作街区更新的成本、带动周边商业、推动文化发展，以及提升民居的收入和生活品质。在更新项目的一层入口设置市集咖啡店、汤面馆和食养山房，吸引人流，带动消费。二层的咖啡店与一层的同属一个铺位，在其东面设共享办公空间。

②精品酒店

在区内南侧设置月吟酒店和棋巷茶馆，引入外边旅客，带动旅客消费，为区内提供收入。其中，酒店内设置吟院，并且内部以木构架、青砖为装修主要元素，融合酒店和街店的文化氛围。

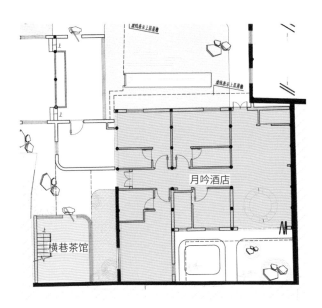

精品酒店

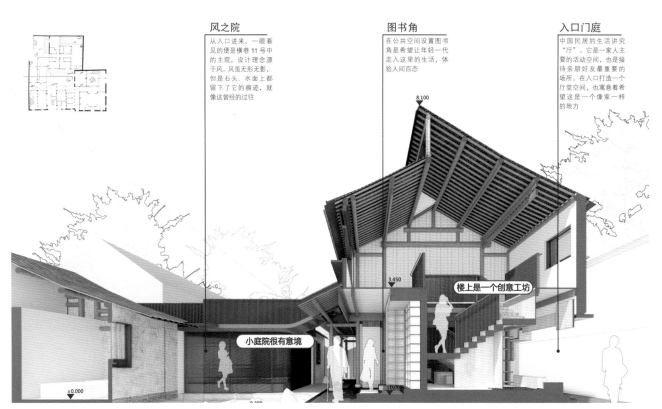

风之院

从入口进来，一眼看见的便是横巷 11 号中的主院，设计理念源于风。风虽无形无影，但是石头、水面上都留下了它的痕迹，就像这曾经的过往

图书角

在公共空间设置图书角是希望让年轻一代走入这里的生活，体验人间百态

入口门庭

中国民居的生活讲究"厅"。它是一家人主要的活动空间，也是接待亲朋好友最重要的场所。在入口打造一个厅堂空间，也寓意着希望这是一个像家一样的地方

小庭院很有意境

楼上是一个创意工坊

共享办公及庭院剖面

酒店内部

月吟酒店效果

月吟酒店

内院

环形 T 台

美术馆入口

专家点评

　　该方案主打烟火气，寻求城市中留存的记忆，展现了社区的市井生活气息。方案设计带有强烈的感情色彩，通过本土故事的介入，由"风""花""雪""月"四种人群的生活入手，深入年轻人对事物的认知，由互不相关的小型事件引出主题空间。设计以"美学"和"社区营造"，在改善和保障本地居民的生活环境的同时，也让该项目成为一个将来可以"打卡"的地方。此外，方案从生活的场景，到叙事，再到环境的营造，始终把握苏州旧居改造的尺度。

孝友堂张宅（建新巷 30 号）

优秀作品

时光之径，老宅新生

设计单位：
    中信建筑设计研究总院有限公司

主要成员：
肖　伟　中信建筑设计研究总院有限公司副院长、正高职建筑师
高安亭　中信建筑设计研究总院有限公司副总建筑师、正高职建筑师
刘小斌　党一鸣　余东阁　王　祥　宋　奕
张　斯　肖　瑶　李　海

策划

（1）新《乐志论》
苏工织造，穿花纳锦；苏工制造，月异日新；
苏工智造，未艾方兴；大国重器，砥砺前行。
建新窄巷两进，寻访有步涉之辛；
张宅南北通厅，割据实为壑与邻；
拆乱建显本真之型，做减法迎法规之禁。
使联通畅南北之行，为住户纾困顿之隐。

建筑学会，行业引领助平江古城振兴；
院士大师，设计赋能推苏州本土高新；
少儿培训，寓教于乐发未来科技欢欣；
社区剧场，活力自治促友善互助睦邻。

口袋花园，入口内凹纳四方之民；
时光之径，附墙盘曲达二层之厅；
体验中心，连续动线应展陈之频；
可逆棚架，坐卧行游显空间之灵。
院落山墙，顿挫抑扬喻山水之型，
庭院大门，启闭开合成熙攘之引。

蹒跚畦苑，游戏平林，
可以阅新书，品香茗，观智造，赏绿荫。
童子六七人，风舞雩，咏而归。
鹤发三两家，具鸡黍，话桑麻。
仁德泉眼，蹊径另辟之因，
建新巷里，众生百态之屏。
吴侬软语，姑苏生民；
不受枯老之贫，永续活力之因。
如是则可以造人间胜境，与古为新！

乐志论

使居有良田广宅，背山临流，沟池环匝，竹木周布，场圃筑前，果园树后。舟车足以代步涉之艰，使令足以息四体之役。养亲有兼珍之膳，妻孥无苦身之劳。良朋萃止，则陈酒肴以娱之；嘉时吉日，则烹羔豚以奉之。蹰躇畦苑，游戏平林，濯清水，追凉风，钓游鲤，弋高鸿。风于舞雩之下，咏归高堂之上。安神闺房，思老氏之玄虚，呼吸精和，求至人之仿佛。与达者数子，论道讲书，俯仰二仪，错综人物。弹南风之雅操，发清商之妙曲。

新《乐志论》

（2）产业策划导则

为政府的政策落实、产业引导、形象宣传服务。

接受前期投入大、价值培育周期长的自持项目。

不以逐利为最大目标，可以实现一定的公益回馈。

对社区居民、民间资本、青年创业团体公平开放。

通过产业导入与子品牌打造实现运维的自平衡。

因此我们需要问：未来的建新巷需要什么？未来的平江古城需要什么？未来的苏州需要什么？

（3）苏工智造

从宋明清的苏工织造（手工、轻工业、工匠）到20世纪90年代的苏工制造（现代工业园区、工业制造加工），我们通过清理与修缮、复原与加固、可逆式添建，除了重新恢复孝友堂张宅两进院落历史风韵，为了让老建筑得以活化利用，实现真正的"老宅新生"，我们在尊重原有场所精神的同时结合整个街区的可持续发展策划设计了修缮改造后的新功能。由此来实现立足于21世纪的苏工智造体验中心（工业4.0、工业设计、人工智能、先进制造）。

生成

（1）项目综述

孝友堂张宅修缮改造设计项目位于苏州平江历史文化街区核心保护区建新巷30号。由中信建筑设计研究总院有限公司团队提出的"时光之径·老宅新生"方案在二十多个参赛团队中脱颖而出，获得该地块方案竞赛第一名。

张宅主体建筑坐北朝南，三路五进。中路第三进为大厅，面阔三间10.8米，进深六檩11米，扁作梁架，前后船篷轩，雕花精细。厅前门楼已残。厅后有楼厅三进，相连为走马楼，楼下有一枝香轩廊，木雕垂篮较精。本次设计范围包括整个张宅，即从建新巷到干将东路一共五进，从濂溪坊到丁家巷的三路，以及周边临近建筑的风貌控制。部分建筑是控制性保护建筑，建筑面积约为5076平方米，用地约14560平方米。

（2）应对策略

我们展望一个持续更新的社区。

大宅小院——目前设计的建新巷30号属于张宅最北端两进院落。建议由北向南逐渐收储并最终连通与

干将东路和建新巷，形成南北通透的功能布局，再将西侧的苏州广电演员公寓纳入改造范围，拟改造成体验中心的配套民宿。

区域联动——将临顿路 – 地铁站点 – 丁家巷 – 建新巷方向作为人流主要来向优先考虑，规划将丽景苑首层商铺和广电排练房整体改造成连续商业街，营造步行街商区氛围。濂溪坊导入的人流和古城旅游人流在街角的仁德泉交汇，再导入本项目北入口。

（3）主要特点

通过对孝友堂张宅周围场地的肌理、文化、业态进行深入的调研，借鉴HOUSE VISION、蛇形走廊以及中信院实施的汉口平和打包厂、翟雅阁等案例，中信院设计团队提出"时光之径·老宅新生"的概念，并采用"清理与修缮、复原与加固、可逆式添建"的策略，将孝友堂张宅的修缮与合理改造利用相结合，进而创造出一个富有创造力的苏工智造体验及中国建筑学会学术交流中心。该设计还营造出开放共享、有亲和力的口袋花园，用智慧与工匠精神让老宅及周围的街巷发生细致的变化，在服务周围社区居民的同时，使苏州平江历史街区的活力得以激活。

评估

（1）设计创新

中信设计的方案把城市设计的概念引入古宅保护的一时一隅，有围棋的整体思维，不在一个小局部定大输赢。

中信设计的方案以"苏州智造"为主题，不仅在老建筑中引入了讲堂的大空间，还关注古城周围院落的相应完善，近远期相结合，远远超越了一般概念的修缮改造。

（2）设计感悟

孝友堂张宅项目主创设计师肖伟还作为所有参赛单位的代表与评委代表唐玉恩大师、中国建筑学会秘书长仲继寿及苏州市政府副秘书长共同参与了《苏州倡议》的发布启动仪式。《苏州倡议》提出，建筑师应当怀着虔诚之心去体验古城，读懂古城的思想、灵魂和个性，并呼吁广大建筑师主动参与到全国各个历史文化名城保护与复兴工作中去。

外侧街巷

院落鸟瞰

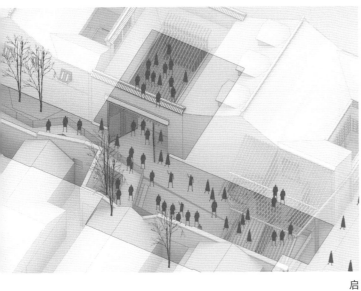

启

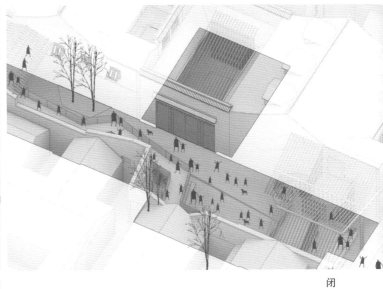

闭

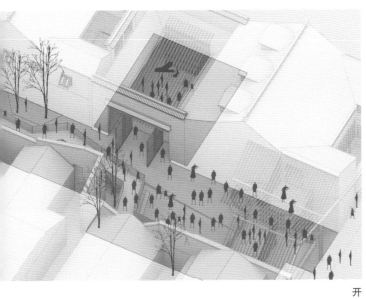

开

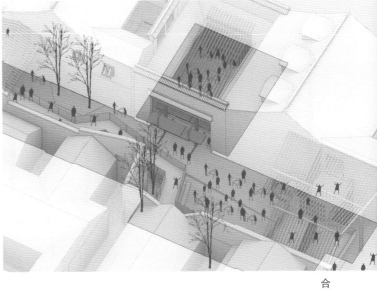

合

一层轴测

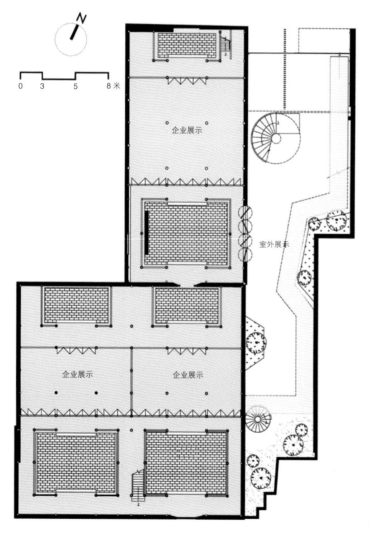

企业展示

室外展示

企业展示　　　企业展示

一层平面

0　3　5　8 米

二层轴测

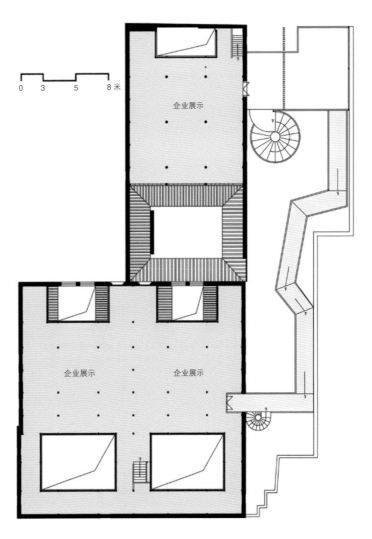

0　3　5　8 米

企业展示

企业展示　　企业展示

二层平面

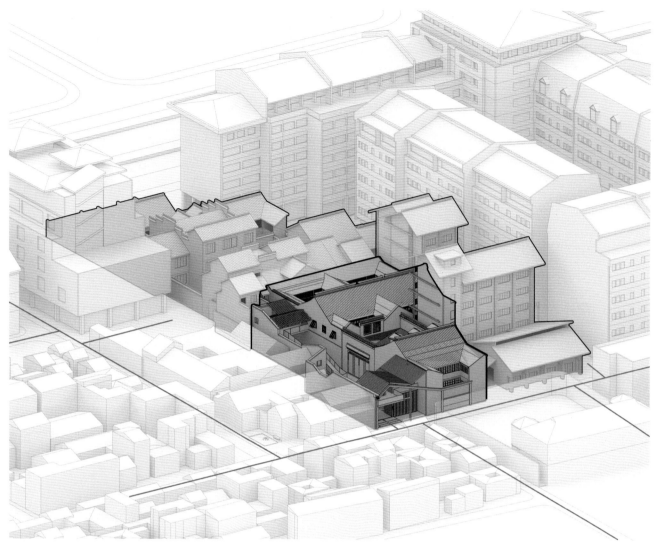

策略层次

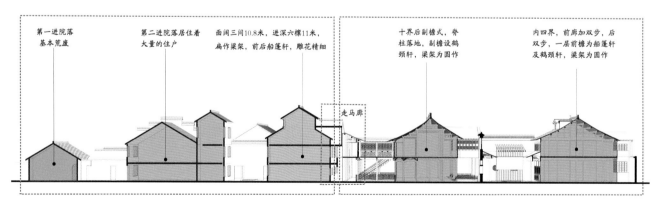

第一进院落
基本荒废

第二进院落居住着
大量的住户

面阔三间10.8米，进深六檩11米，
扁作梁架，前后船蓬轩，雕花精细

十界后副檐式，脊
柱落地，副檐设鹤
颈轩，梁架为圆作

内四界，前廊加双步，后
双步，一层前檐为船蓬轩
及鹤颈轩，梁架为圆作

走马廊

剖面示意

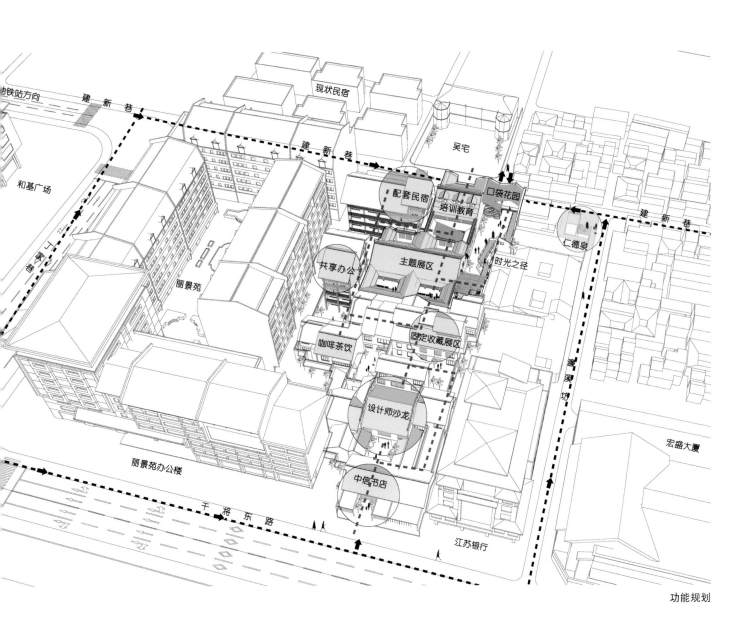

地铁站方向

建 新 巷

和基广场

现状民宿

吴宅

建 新 巷

配套民宿

培训教育

口袋花园

建 新 巷

共享办公

主题展区

时光之径

仁德泉

丽景苑

咖啡茶饮

固定收藏展区

澜溪坊

设计师沙龙

宏盛大厦

丽景苑办公楼

中信书店

干 将 东 路

江苏银行

功能规划

夜景

会场

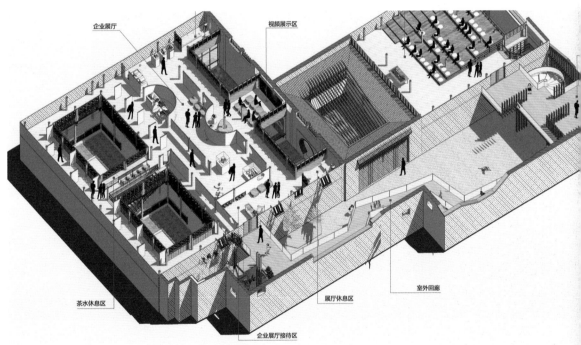

企业展厅　视频展示区

茶水休息区　展厅休息区　室外回廊

企业展厅接待区

展陈空间

入口广场

大门打开

大门关闭

街区

景观

街区

专家点评

　　该方案主动把设计范围适当扩大，提出了区域联动的业态布局和时空转换的想法。方案更多关注物质空间在历史上的演进，从历史看到了未来，把时间链建构起来，并成功将旧宅的修缮与合理改造利用结合起来。此外，方案注重社区可持续发展的策划研究，在功能上引进了一个体验苏州智造的展示空间，用智慧与工匠精神服务本地居民，激活平江历史街区。

老宅有戏

设计单位：

启迪设计集团股份有限公司 & 深圳毕路德 BLVD

主要成员：

查金荣　启迪设计集团总裁、总建筑师
杜　昀　毕路德总裁、总建筑师
张筠之　启迪设计集团合一工作室主任、高级工程师
张朝亮　毕路德建筑部创意总监
张智俊　刘德良　刘　阳

场地背景

项目基地位于平江历史文化街区，是苏州古城五个历史街区之一，是保存最为完整、最具规模的历史文化街区。平江历史文化街区内文物保护建筑和控制保护建筑众多，本次改造的建新巷 30 号孝友堂张宅即是其中一处控制保护建筑。

孝友堂张宅布局坐北朝南，三路五进，建筑面积5076 平方米。中路第三进为大厅，面阔三间 10.8 米，进深六檩 11 米，扁作梁架，前后船篷轩，雕花精细。厅前门楼已残。厅后有楼厅三进，相连为走马楼，楼下有一枝香轩廊，木雕垂篮较精。本次设计范围为东路北侧两进，部分建筑是控制性保护建筑，建筑面积1482.05 平方米，占地约 1276 平方米。

孝友堂张宅原为清代所建，后历加建，形成现在的规模。新中国成立后其中部分作为广电总局演员公寓，本次改造的部分，前身即演员公寓。

场地坐落于平江历史文化街区西南角，场地的北部与东部为苏州民居，居民多为老人，他们的居住环境和生活品质都低于苏州平均水平。场地的南部与西部则接邻临顿路与干将路，商业功能与商业体量挤压着居住空间。同苏州老城一样，居民老龄化、商业化同质非常严重。这些老人、老吴音、老建筑，需要一个戏台，让他们重新成为主角，演绎未来的苏州古城。

平江历史保护区的上位规划提出：落得下的文化存续，看得见的水城特色，行得通的社会民生。因此我们也逐条对应上位规划的期许，展开设计。

建筑现状问题

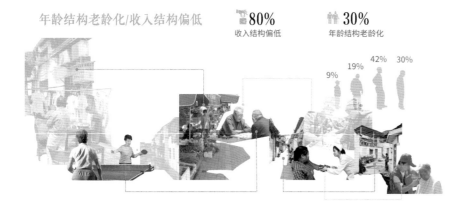

年龄结构老龄化/收入结构偏低

80%
收入结构偏低

30%
年龄结构老龄化

9%　19%　42%　30%

生活品质　低于苏州平均水平

32.72平方米　户均居住面积较小

建筑老旧，户均面积小,缺乏公共空间

居住环境　缺乏公共活动空间/街道环境脏乱小

公共服务设施分布　　　文化服务设施分布

社区现状分析

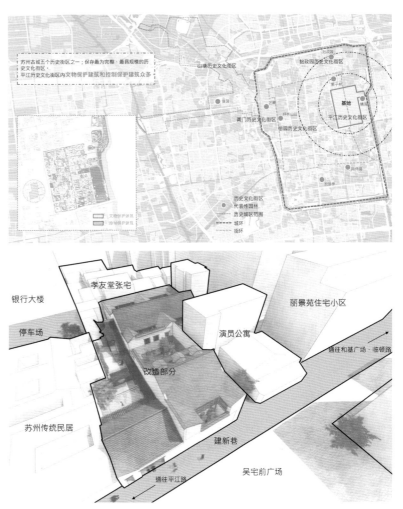

苏州古城五个历史街区之一；保存最为完整，最具规模的历史文化街区。
平江历史文化街区内文物保护建筑和控制保护建筑众多

银行大楼

停车场

苏州传统民居

孝友堂张宅

改造部分

演员公寓

丽景苑住宅小区

通往和基广场·临顿路

建新巷

吴宅前广场

通往平江路

周边区位

主入口界面效果

听音阁效果

孝友戏台效果

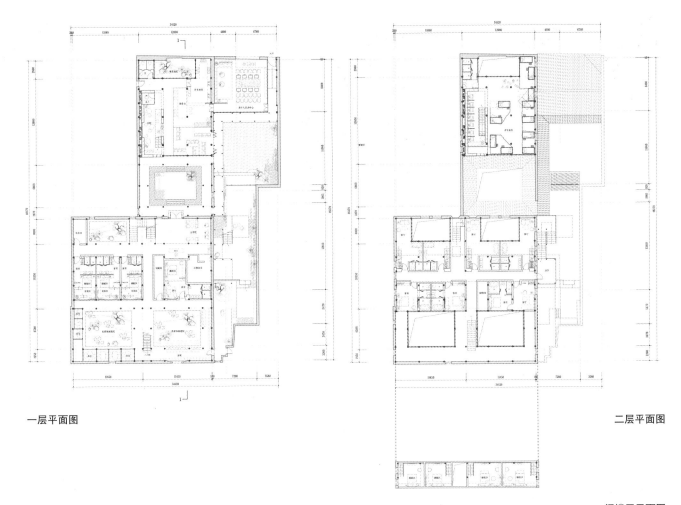

一层平面图

二层平面图

阁楼层平面图

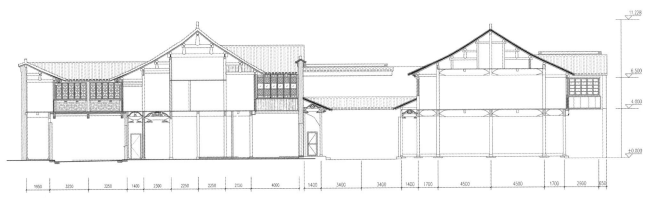

1-1 剖面图

老年活动中心共享课堂室内效果

共享厨房与餐吧室内效果

青年义工活动空间室内效果

胶囊旅馆空间室内效果

聚会派对

艺术展览

周末集市

小型演唱会

引入当代活力生活，汇聚青年

现代的青年人自由度较高，旅行生活丰富。
但是限于经济实力，选择使用较少资金换取简约住宿条件。多数青年人相对选择个人休憩空间狭小，公共社交空间丰富的场所

民宿

沙发客

社交分享

社交广泛而又享受孤独的旅行体验

三重含义

我们给这个设计取名为老宅有戏，其实有三重含义：

第一，代表苏州古城的活态传承有希望有未来；

第二，我们创造的新的运营模式可以带来新的契机，不同人群间的交流可以转化为价值，老青两代人的互动就是这里最大的看点、戏码；

第三，对于真正的吴音艺术和戏曲，希望以老宅为载体，为快要消失吴语的传承作一点贡献。

（1）落得下的社会价值（对设计理念的思考）——创造融合老年智慧和青年创造力的融合社区

老城的交替如同人的交替，如何对待老人与年轻人，便是如何对待老城的未来。

对于这里的老人和外地游客，我们发现，外地游客想要探寻最原真的苏式生活和故事，老年居民正是最好的载体；老年居民需要年轻人的陪伴和热闹，外地游客正有这种活力。不同人群的诉求实际上可以互相满足。

老龄化社区如同我们今日之古城，我们不仅要保护，更要让它们焕发活力。

新人群的参与是否能够激发老城焕发出新的活力，这是一个疑问，也是我们希望探索和达成的目标。

然而社区服务空间是需要持续的资金来运营的。如何让它能够自我造血，创造价值，如何打造一个能够承载文化存续、社会民生与旅游三重功能可续的运营的载体，是我们这次研究的重点。

（2）行得通的商业价值（对运营模式的思考）——可持续的长效运营机制为古城生活输入源源不断的动力

除了社区居民和游客，我们引入了第三方人群——年轻的义工。我们设置了义工服务站、胶囊旅馆等空间，提供给年轻的背包客们，他们可以用志愿服务换取旅行费用，参与到本地生活中。

来住青年旅舍的年轻人，他们有着游历各地的经验，他们的身上不仅仅有理想、有热情还有才艺和故事。他们可以在这里分享见闻、传授技艺，比如教画画、英语、摄影之类，用特长去跟老人交流，这在我们看来就是付出，就是志愿者，因此就可以得到相应的回报。

同时，老年人的孤独问题是因为他们不再能跟得上这个时代的话题，不再被需要，是自我价值的迷失。这个社区中生活的老人，他们不仅是苏州文脉和发展的见证者，同时更是苏州文化的传承者。也许他们自己也没发现，他们就是活文化本身！透过社区课堂，让更多的老人在这里找到人生新的目标，在这里倾听时代的脉搏，同时在这里将苏州的历史和文化传承给世界。

由此，服务人群上形成了"社区老年群体＋青年义工＋外地游客"三类人群共治共享的格局，建筑空间上形成了"老年社区活动中心＋青年旅社＋家庭型民宿"的空间布局。

多方群体参与共治共享，使得各年龄段的外来游客和本地居民都能使用该空间并发挥自身的价值，增进文化交流，同时传播地域文化。

我们把老年活动和义工活动这两个功能毗邻布置，这使得周围产生了很多融合交流的空间，比如共享厨

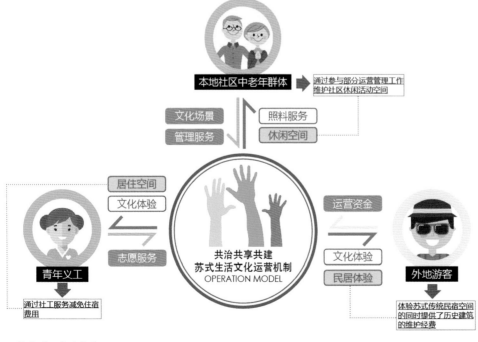

三类人群，共治共享

家庭式旅客　＋　青年背包客

苏式文化　＋　苏式生活

落得下　文化存续　在空间上的落实

看得见　水城特色　在形象上的彰显

行得通　社会民生　在政策上的探索

主干道
次干道
主街道
公交车站点
社区公交车站点
公共自行车站点
共享单车停放点
轨道交通站点

基地

一轴看繁华
六涧赏古今
三片享水韵

南侧外景

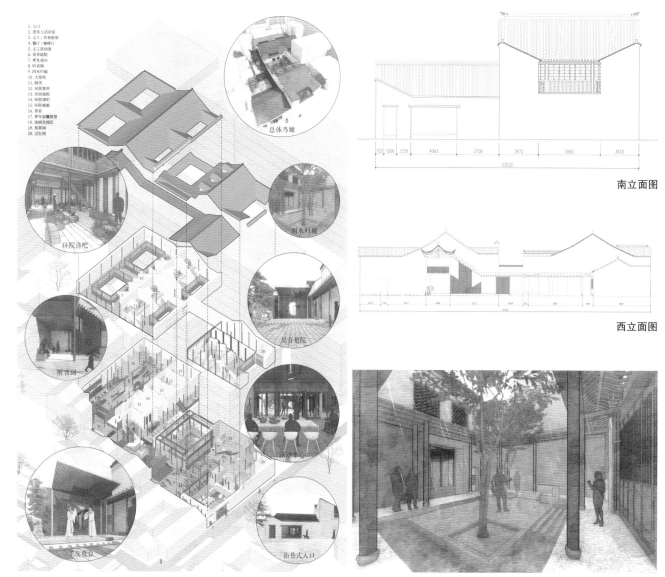

1. 入口
2. 老年人活动室
3. 义工 / 共享厨房
4. 餐厅 / 咖啡厅
5. 义工活动室
6. 吴音戏台
7. 孝友戏台
8. 听音阁
9. 四水归庭
10. 大堂吧
11. 厨房
12. 民宿客房
13. 民宿庭院区
14. 环院清吧
15. 环院画廊
16. 茶室
17. 青年胶囊旅馆
18. 休闲交流区
19. 布草间
20. 卫生间

总体鸟瞰

四水归庭

环院清吧

吴音庭院

听音阁

活动中心

孝友戏台

街巷式入口

南立面图

西立面图

建筑功能分布

四水归庭景观效果

房。在厨房外有一个很大的操作案台，可以让老人和年轻人互相传授自己的拿手好菜。透过社区共享厨房，来自全球各地的年轻人可以将世界美食带到社区老人的餐桌上，同时社区老人也能将地道的苏州美食分享给这些年轻的新世代，这里不再是一个单纯的饮食场所，更是一个跨年龄、跨文化交流互动的好地方。无论是大饼油条＋咖啡，或是苏式汤面＋焗豆，在这个厨房中每一个清晨或黄昏都是苏州和世界的同步。

改造后的老宅里有 22 间胶囊旅馆，有共享厨房与餐吧，有小课堂，有义工服务站，有四水归庭，老年人与年轻人的生活在此交融。

南侧私密性较好的部分作为民宿客房区，它是整个运营体系的经济动力。这里有 15 套客房、大堂吧、环院清吧、画廊。

东侧庭院划分为两部分，以一方戏台相隔，北侧为吴音庭院，舞台面向老年活动中心与建新巷，可作为公开表演与展览的场地；南侧为听音院等较为私密的庭院，作为南侧民宿的配套私享院落，供民宿休闲聚会使用，也可进行实景昆曲等商业演出活动。戏台也成为整个建筑的形象核心与活动中心。

（3）看得见的人文价值（对建筑改造的思考）——从旅游名片到人文度假客厅

我们这个项目与戏有着很深的缘分。在剧院里，后台、舞台、观众席这样的空间序列，放到基地周边的城市肌理中也同样适用。位于建筑西北角的建筑物就是

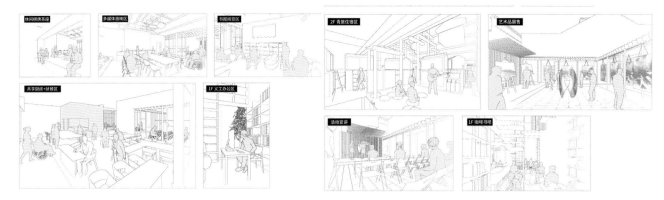

空间与活动

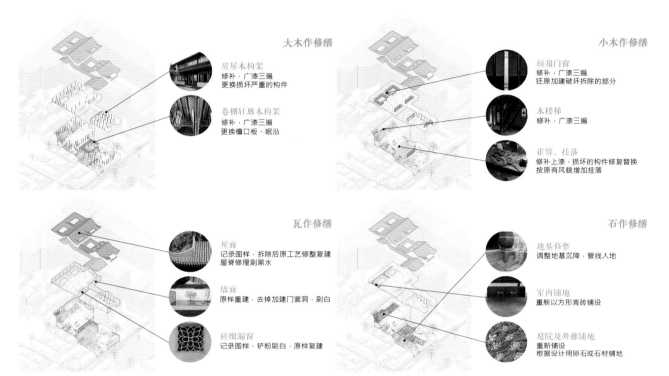

古建筑修缮策略

一栋演员公寓，好像是后台的存在，周边面向的居民区就像观众席，而我们项目的老宅就仿佛是戏台本身。

对于控制保护建筑的改造，我们的设计方针是：对于控保建筑的部分，我们最大限度地尊重，整体采取落架大修，按照测绘图样，以原有材料、原有工艺重新翻建；对于控保建筑受损的部分，我们选择拆除后期居民加建部分，部分还原拆除遗失的构件；对于新建的部分，特别是东侧的 1 层房子和庭院，我们在保持外立面协调统一的基础上，采用现代手法进行设计，避免刻意的修旧如旧，留下当下时代的特征和印记。

800 多年来，平江保留了河路并行的格局、肌理，原有的尺度和体量比例恰当，显示出一种疏朗淡雅的风格。曲折的街巷、墙内的花园，这些市井生活与清修别院从来都是互为表里，共为苏州文化空间的魂魄，"大隐于市"的美学更需要人间烟火来成全。

当下的古城保护，应该告别拆建和仿造，回归人本，回归日常。若是每一座老宅都焕发出勃勃生机，古城何愁不活。

所以今天的古城保护有人气才有生机，有生机才有生活，有生活才长久。

曲水人家的洒扫忙碌、吴侬软语的家长里短才是苏州文化中最绵长久远的记忆，在里巷老宅中，炊烟混杂书香一并讲述苏州的风华。

总体鸟瞰

建筑模型效果

现 改造

最终评审展览现场

专家点评

　　该方案最大特点是创造社区融合，让年轻人和老年人、本地人和外来人互动、结合，探寻和关注他们的苏式生活和故事。方案通过打造承载文化、民生和旅游三重功能的社区服务空间，把老年人的生活、外来的旅游者和一些社会文化活动综合在一起。这是当前需要的一种形式，因为苏州作为一个旅游城市，既要发展旅游，又要维持原来老百姓的生活，以此形成一种更高层次的体验。

叠园今梦

设计单位：
建设综合勘察研究设计院有限公司明月来（MYL）工作室

主要成员：
主创建筑师：阳建华
项目负责人：冯晓辉
项目管理：　张婧頔
建筑负责人：颜建军
结构负责人：康红艳
机电负责人：金　璞
给排水专业负责人：臧　华
暖通负责人：常云峰
专家顾问团队：陈宏斌　王宾波　许大雷　王树东
　　　　　　　张　浩　邢　鹏

"叠园今梦"——从传统园林意境到未来生活方式的思考

　　该项目为苏州平江历史保护街区南侧的建新巷30号——孝友堂张宅，是2019年中国建筑学会苏州古城复兴保护建筑设计工作营成果交流及展览的两个项目地块之一。本项目所在的建新巷位于平江历史街区，西侧接临顿路，东侧接平江路。平江历史文化街区是苏州古城内迄今保存最为完整、最具规模的居住街坊，集中体现了苏州古城的城市特色与价值，堪称苏州古城的缩影。街区至今保持着水陆结合、河街平行的双棋盘城市格局，是古代城市规划与建设的杰出典范。

　　中国人有两部经——山海经和道德经，一曰物一曰心。多少年文明的进程，一直在"物"与"心"之间摇摆，而介于物和心之间的是园林。著名昆曲《牡丹亭》选段"游园"里有一句唱词："不到园林，怎知春色如许"。如果把拥有2500多年历史的苏州古城看成一座介于物和心之间的园林，则它的复兴不仅包括传统而精致的房子，还有美化的生活与人们的生活方式。

　　本次设计以"叠园今梦"为主题，从新旧并存的修缮策略、山—水—宅建筑格局、公共性与开放性的城市服务、老宅绿色生态上的新技术应用等几方面思考传统园林意境与未来生活方式之间的关联性。

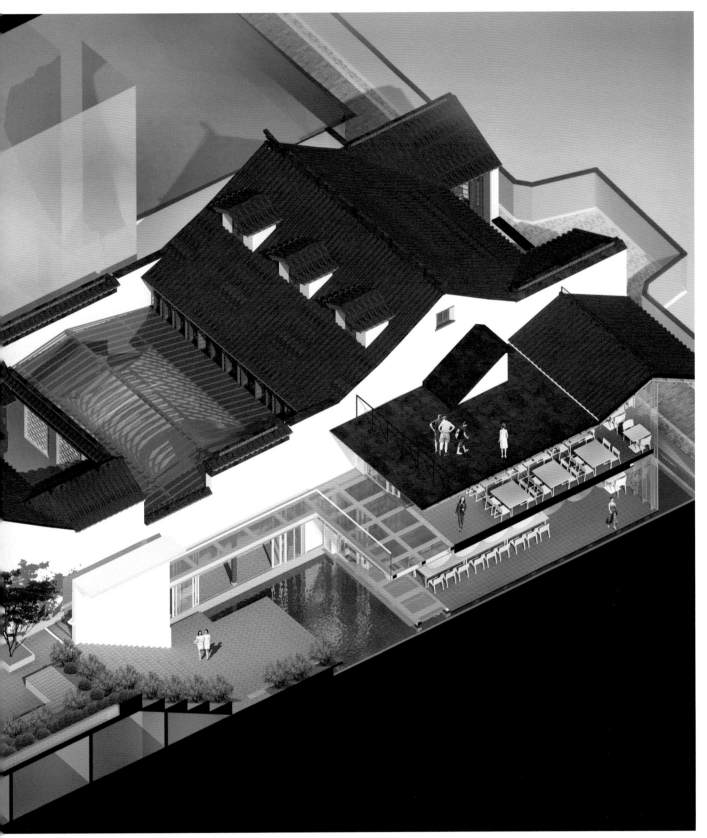

轴测图

孝友堂张宅位于平江历史文化街区核心保护区范围内，坐北朝南，三路五进，建筑面积5076平方米。中路第三进为大厅，面阔三间10.8米，进深六檩11米，建筑高度10.14米；扁作梁架，前后船棚轩，雕花精细。厅前门楼已残。厅后有楼厅三进，相连为走马楼，楼下有一枝香轩廊，木雕垂篮较精。本次设计范围为东路北侧两进，部分建筑是控制性保护建筑，建筑面积1482.05平方米，占地约1276平方米。本次设计以修缮为主，局部根据功能需求进行改造设计。

项目区位图

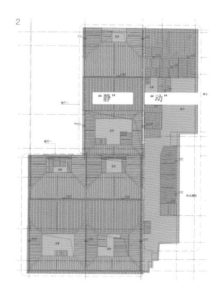

修缮策略分区示意图

建筑修缮导则

建筑修复导则

苏州平江历史文化街区保护规划图

设计理念

在设计当中，我们试图叠合过去与现在、建造与自然、书店与民宿、评弹与手机，也试图梦想着未来的园林是否延续了过去的生活方式，从而打造一个一个既传统又符合现代人需求的宅院。

总体设计

本次设计以修缮为主，局部根据功能使用要求做改造，拆除现状违建建筑，把天井及室外庭院留出来。本次主要以恢复原有建筑的风貌为原则，按原有做法对墙面、楼地面、屋面破损处进行修复翻新。本次设计的建筑面积1482.05平方米，占地约1276平方米。

方案设计

控制保护部分结合节能权衡判断，尽可能按原始构造方法修缮屋面、墙柱、门窗等构造；一般部分结合新功能要求，重构建筑空间，后续构造上优先使用拆卸下来建筑材料。

后续功能置入时，尽量保留西侧"宅"的特性，赋予"静"的特点。而东侧结合入口及大面积院子区域，赋予"动"的特点。

梳理出"空"的位置，精心打造公共空间。

通过庭院、天井、台阶让建筑与自然融合与过渡。

依据山－水－宅的建筑与自然共存的建筑格局，西侧原来是宅的部分继续保持为宅的特性。东侧附房现状建筑散乱，空地面积较大。

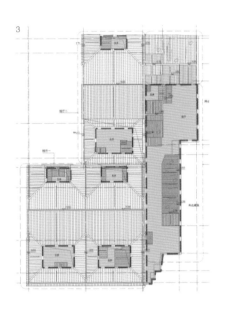
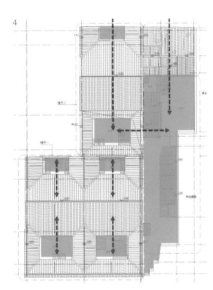
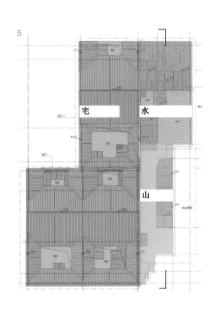

建筑整治导则

建筑改造导则

东侧以南部分，由于被地块南侧更高的建筑遮挡，因而在不影响北侧采光的情况下，抬高活动区域，获取更多日照，故而形成"南山"。

东侧以北部分为建筑唯一人群入口。为获得从街巷到建筑内的过渡，设置浅水面，同时水中建"北亭"，增加了场景上的缓冲区。

做好"留与弃，增与减"：留住基本格局、精美构件、优美天际线等；抛去恶化的环境、破坏性加建、门窗墙和谐性改造等；增加自然与新业态，减少完全复古、非品质化的功能主义。

通过对项目周边的调研，我们拟打造一个园林式书院综合体，建成后可以喝茶、喝咖啡，以及举行小型沙龙，建筑的北侧相对安静区设置主题民宿；在公共空间设置院子、小山、小型室外表演区，让游客及居民能可以游山玩水、听评弹名段，也可以在天井内听听雨，或在小型上人屋面登高远眺，放飞心情。

功能设定等出发点：为城市服务、为市民服务、为未来服务。

周边缺少具有本地特色等综合功能性书店及优质民宿，希望它是综合性的，能激活与带动一定区域、一定人群的生活方式，对老人、儿童提供关爱，满足更多人群的体验。

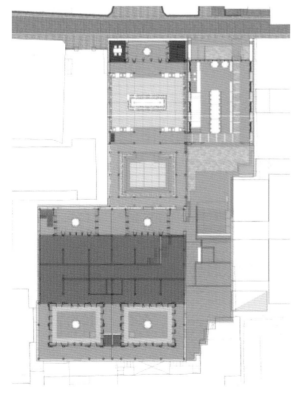

一层平面布置图

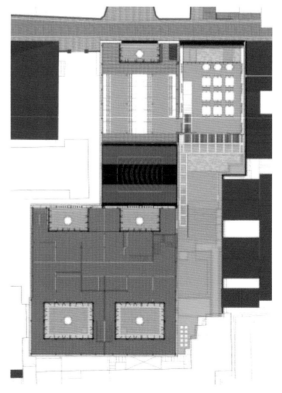

二层平面布置图

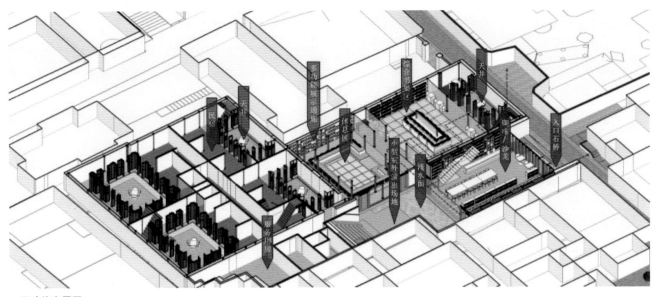

一层功能布置图

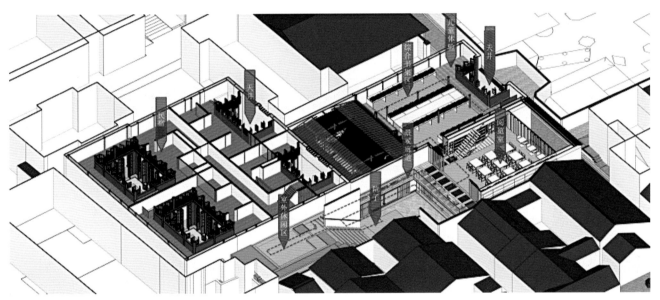

二层功能布置图

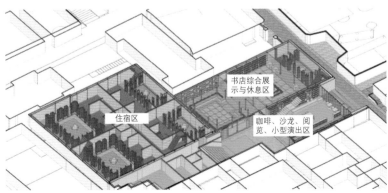

功能分区图

功能策略

改造前

改造后：退让城市边界的建筑入口尽可能满足一定通透性，隔而不断

改造前

改造后：入口处结合街巷做适当退让

改造前

改造后：庭院深深几许，镂空竹子隔断的使用，既增加了空间的通透性，又使得多空间融为一体

改造前

改造后：边界模糊的园、院、庭、室关系，庭院、建筑、家具融为一体

改造前

改造后：天井串起了上下层

改造前

改造后：天井、建筑、活动融为一体

改造前后对比图

庭院深深深几许，镂空竹子隔断的使用，既增加了空间的通透性，又使多空间融为一体 **内部庭院效果图**

南山北望，层次丰富，一览无余 **室外空间效果图**

二层的综合书店陈列区，以突出建筑本身的结构美为主，同时绣线吊顶的使用，更增加了一份朦胧美

二层书店陈列区效果图

结构与设备设计

（1）结构设计

本次设计不改变原有建筑的结构形式，以修缮加固为主，具体为对设计范围内建筑体的结构设计、室内外装修工程进行结构设计与验算。对现有建筑结构荷载进行详细分析，考虑适当加固防护。对建筑内部打通楼板、新增楼梯和管井、新增楼梯部分的梁、板、柱及受影响的结构进行补强加固等结构设计与验算。本次设计按照结构鉴定报告及功能要求对原有结构进行加固。

（2）给排水设计

根据业主的使用需求，在现状摸查的基础上考虑哪些需要保留，哪些需要重新设置。室内排水污废分流，室外排水雨污分流，雨水、污水分别接到市政雨水和污水管网。其中厨房废水经隔油池处理；一般粪污水需经过化粪池预处理，与生活废水合流、汇总后排入市政污水管网。考虑雨水收集，利用单体建筑雨水管道布置避免对主要外立面产生影响的空调冷凝水组织排放，并排放至雨水系统。生活热水拟采用太阳能热水器，并按规范布置室外消火栓及室内灭火器。卫生洁具及管道材料选用：在满足使用功能的前提下优先选用国家相关部门推荐的节能、环保型管材；所有卫生洁具选用国家规定的节水型洁具，公共卫生间及对卫生要求较高的位置选用非接触式卫生洁具，避免交叉感染。

（3）电气

本项目强电及弱电设计根据业主的使用需求，在现状摸查的基础上考虑哪些需要保留，哪些需要重新设置。室外照明采用 LED、太阳能等节能灯，室内应采用 LED 等节能灯，在公共区域设置应急照明系统及疏散指示标识。

（4）暖通

本次设计拟集中设置 VRVk 空调系统，室外机集中设置在天井或庭院内地面上。卫生间拟在外墙上增设排气扇。消防排烟拟采用自然排烟方式。

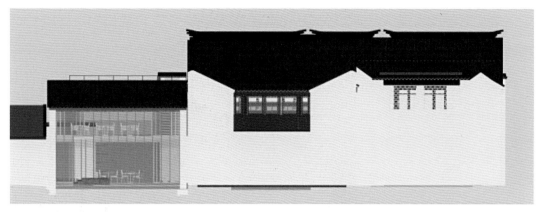

立面图

剖面图

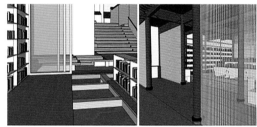

（新增部分）钢和玻璃：增加建筑
的开放性与透明性，光线更加充足，
空间更加通透

（室内隔断与局部吊顶）竹子和
木材：增加视觉与触觉的温暖

（地面与墙面）复古地砖、
石子、水面、涂料：让苏州
味道得以延续

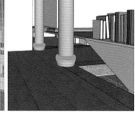

（部分吊顶）绣线：找寻苏绣感觉

新材料应用

各种BIPV光伏技术对比

组件类型	转换效率（量产组件）	成本	温度系数	弱光效果	外观	稳定性	定制化
晶硅	16-18	低	高	差	色差大，不均匀	好	差
非晶硅	8-10	较高	低	好	红褐色	差	好
铜铟镓硒	12-15	高	较高	好	蓝黑色	较高	差
碲化镉	13-17	低	低	好	纯正黑色	较高	好
钙钛矿	未量产	—	低	好	黑色	极差	未量产

新技术应用

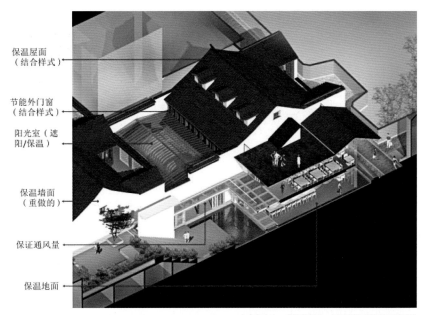

保温屋面
（结合样式）

节能外门窗
（结合样式）

阳光室（遮
阳/保温）

保温墙面
（重做的）

保证通风量

保温地面

全方位生态、节能的探索，同时保证建筑的原始风貌

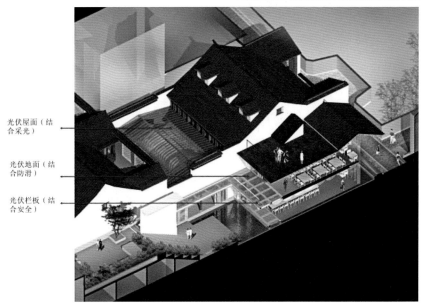

光伏屋面（结
合采光）

光伏地面（结
合防滑）

光伏栏板（结
合安全）

光伏建筑一体化尝试，碲化镉薄膜透光光伏发电（或者光热）

新技术应用

专家点评

　　该方案通过打造一个园林式的社区书店，探索了传统
园林意境和传统生活方式延续的关联性。方案在修缮设计、
绿色技术应用和功能定位等方面考虑得比较细致。此外，
方案也提出了"有限介入"的构想，在维持其外形形态古
建筑风貌的同时，有节制地引入现代的元素和功能。

古城微更新的苏州探索 II

2020 年第二期

苏州古城复兴建筑设计工作营

优秀作品

分序 II

2020 年，全国人民共同经历了新冠肺炎带来的冲击和考验，建筑设计业尤其深受影响。但即便如此，该年 8 月 18 日，苏州市政府和中国建筑学会共同举办的第二期"苏州古城保护建筑设计工作营"仍然坚持开营。"排除万难，不忘初心"，在坚持保护与更新并重、传承与发展兼顾的前提下，来自全国各地的 16 个优秀设计团队克服了各种困难，会聚苏城，共同探讨苏州古城复兴的新模式、新方法和新技术。

本次工作营的设计课题包括平江历史文化街区内的顾家花园 4 号、7 号及大新桥巷 25 号、26 号、27 号地块。顾家花园 4 号、7 号是国学大师顾颉刚先生的故居，为市级文物保护单位，更新设计目标以顾颉刚先生文化展示交流和现代居住功能为主，探索原住民参与的共建共治更新模式，为破解古城"空心化"探索路径；大新桥巷 25 号、26 号、27 号距离世界文化遗产耦园仅 200 米，是典型的清代江南传统民居院落。

如果说 2019 年第一期工作营设计思路的重点偏重于利用好建筑本身，那么 2020 年的工作营则触及更深的文化层面。在两个月的时间里，工作营通过 3 轮评审，确定了 7 个设计方案进入优化阶段，最终优胜方案于当年 10 月底举办的 2020 年中国建筑学会学术年会上以成果汇报与模型展览等形式进行了交流和展示。

苏州是首批国家历史文化名城，深入探索苏州古城复兴的新路径，对全国来说都具有典型性和示范意义。苏州的城市风貌体现了古典和现代的交相辉映。在此基础上，为进一步贯彻习近平总书记提出的要求，即"城市规划和建设要高度重视历史文化保护，不急功近利，不大拆大建。要突出地方特色，注重人居环境改善，更多采用微改造这种'绣花'功夫，注重文明传承、文化延续，让城市留下记忆，让人们记住乡愁"，苏州古城保护建筑设计工作营是一种走在全国前列的创新方式，不仅搭建学术平台、会聚行业英才，也为古城保护提供

了很好的建议和思路。我曾在很多行业会议上宣传苏州工作营，并一再强调：工作营不是投标，也不是竞赛，而是履行设计师对社会、对城市的责任和使命。大家是为研究而来、为行业发展进步而来，集思广益、共同探讨，为苏州古城的复兴贡献智慧。"把苏州古城保护好，把更好的苏州古城留给后人"，已成为参加工作营全体设计团组和评审委员，以及全体工作人员的共识。

以往的古城建筑保护及修复中主要采用"修旧如旧"的原则，大量采用传统工艺，较缺乏对文化价值的深度挖掘。随着现代工业的发展，人们的生活环境日新月异，古城的保护与复兴早已与城市生活、文化理念产生出许多微妙而紧密的关系。本期工作营的两个设计标带有更浓厚的文化意味，除了对建筑本体的保护，建筑设计的文化内涵成为本次更受关注的方面。我相信设计师已经从中受到启发，从而深入研究了目标建筑的纵深空间，这些在设计成果中都有所体现。这对古城保护、复兴而言，又往前迈进了一步。古城的保护与创新、传承与发展之间的尺度最难拿捏，我们只有不断通过这样的探索，才能把传统文化传承、发展好。古城如何融入现代生活与城市发展，是包括苏州在内全国许多历史名城面临的现实难题。苏州古城保留着丰富的生活气息和浓厚的文化味道。古城复兴的下一步工作，应该在古城保护与发展方面建立起更多的呼应，更好地承载现实美好生活。

连续两年举行的苏州古城保护建筑设计工作营，通过对苏州古城保护发展的研究，总结并提取出一些优秀的设计思路与创新的设计方案，希望这些成果能够为业界广泛讨论，更希望其为全国其他历史名城探索出一条保护更新并重、传承发展兼顾的新道路贡献力量。

中国建筑学会秘书长
中国建筑设计研究院风景园林总设计师

李存东

基地情况

顾家花园 4、7 号

区位位置

顾家花园 4、7 号位于苏州平江历史文化街区核心保护区，地处悬桥巷和顾家花园交叉口，临近平江路小新桥，为史学家顾颉刚先生（1893—1980 年）故宅。

现状特征

顾颉刚故宅在历史上曾经是明代归湛初所建的一座规模不小的园林——"宝树园"，也称"洽隐山房"。据《吴县志》载，"宝树园，在临顿里石子街北，高士顾其蕴所居"。其孙秉忠筑安时堂于宅中，并有"结蘅草庐""澄碧寺""芥圃"诸胜。1860 年为太平天国听王陈炳文部所用，后被籍为官产，改机织局，园亦荒废，俗称"顾家花园"。20 世纪 30 年代由顾颉刚父亲重新翻建。1988 年被列为苏州市文物保护单位。

老宅北沿悬桥河，正对潘氏松麟义庄，南接潘儒巷中心小学，东侧不远处为顾家花园 13 号苏肇冰故居。故居坐北朝南，分两落六进。按建造年代可分为南北两部分：南部两落四进，为顾氏祖宅，东落四进为清代建筑，西落两进为后建民国建筑；北部两进为顾颉刚父亲于 1930 年重新翻建的民国建筑。其中东落第五进为顾颉刚先生旧居。东落第三进大厅装修古朴简洁，有明式建筑风格，可能为顾秉忠"安时堂"遗构。整个历史建筑群格局较为完整，是一处极具江南特色的传统宅院建筑。现有建筑面积约 1100 平方米，占地面积约 1780 平方米。

设计要求

顾颉刚故居是平江历史文化街区风貌的组成部分，《苏州平江历史文化街区保护规划》定其为修缮建筑。设计应按照规划要求进行修缮，建筑高度维持现状，建筑风貌和形态应与古城风貌和肌理相协调，以复原性修复为首要任务，真实、完整地延续文保建筑的文物价值——顾颉刚本人生平、老宅的建筑特色与宅院文化。在恢复顾颉刚居住空间的同时，突出该老宅东落第三进、第五进和西落两进的风貌特点和传统宅院文化内涵，并满足当代居民居住和顾颉刚文化展示的功能需求。

基地航拍

砖雕门楼

顾颉刚旧居立面

大新桥巷 25、26、27 号

区位位置

大新桥巷 25、26、27 号位于苏州平江历史文化街区核心保护区内，地处仓街和大新桥巷交叉口附近，南临新桥河，东侧 28 号为苏州市控保建筑笃佑堂袁宅，距离东边的世界文化遗产耦园和古城护城河（大运河体系）200 米左右。

现状特征

三宅均坐北朝南。大新桥巷 25 号也称忠恕堂或盛宅，为主轴带偏厅的传统院落住宅；大新桥巷 26 号两落五进带辅落，有门厅、轿厅、大厅和楼厅，并有残破砖雕门楼一座；大新桥巷 27 号四进带北面附房，是典型的苏州清代传统民居。大新桥巷 25 号、26 号、27 号均为 1 层和 2 层建筑，总建筑面积为 3331.1 平方米，占地 2908.5 平方米。

设计要求

大新桥巷 25、26、27 号是平江历史文化街区风貌的组成部分，《苏州平江历史文化街区保护规划》定其为修复建筑，应按照规划要求进行修复。建筑高度维持现状，建筑风貌和形态应与古城风貌和肌理相协调，设计鼓励创新性，延续江南传统老宅门楼、备弄、楼厅和天井等建筑特色、宅院文化与水乡文化。突出大新桥巷 25 号三进的建筑砖楼风貌特点和大新桥巷 26、27 号传统宅院文化内涵，并满足沿河民宿或优租住宅的功能需求，同时重点打造沿河、沿街界面，形成特色活力风貌。

基地航拍

25 号大厅立面

26 号砖雕门楼

工作营团队

工作营评审专家团队由原建设部副部长、中国建筑学会原理事长宋春华先生领衔，多位两院院士、全国工程勘察设计大师，以及长期致力于历史遗产保护的建筑名家共同构成。评审专家团队为工作营设计项目全过程提供科学引领和悉心指导。

评审专家团队

本期工作营评审专家有：

宋春华
原建设部副部长、
中国建筑学会原理事长

修 龙
中国建筑学会理事长

孟建民
中国工程院院士、
深圳市建筑设计研究总院总建筑师

常 青
中国科学院院士、
同济大学建筑与城市规划学院教授

曹嘉明
中国建筑学会副理事长、
上海建筑学会理事长

时 匡
全国工程勘察设计大师、
苏州科技大学教授

唐玉恩
全国工程勘察设计大师、
华东建筑集团股份有限公司资深总建筑师

崔 彤
全国工程勘察设计大师、
中科院建筑设计研究院总建筑师

仲德崑
东南大学建筑学院教授、博士生导师
深圳大学建筑与城市规划学院名誉院长
江苏省土木建筑学会建筑创作委员会主任

汪 恒
中国建筑设计研究院总建筑师、
教授级高级建筑师

李存东
中国建筑学会秘书长、
中国建筑设计研究院风景园林总设计师

参与设计团队

（按首字笔画为序）

上海禾朵建筑设计事务所
上海交通大学设计研究总院
上海及物建筑设计工作室
沈阳建筑大学天作建筑研究院
中国建筑设计研究院有限公司
中衡设计集团股份有限公司
西交利物浦大学设计研究中心
启迪设计集团股份有限公司
苏州大学金螳螂建筑学院
苏州合展设计营造股份有限公司
苏州科技大学建筑与城市规划学院
苏州小奕葳古建筑规划设计有限公司
杭州中联筑境建筑设计有限公司
零点营造设计有限公司

宝树芳邻

设计单位：
　　启迪设计集团股份有限公司

主要成员：
查金荣　启迪设计集团总裁、总建筑师
张筠之　启迪设计集团合一工作室主任、高级工程师
张智俊　启迪设计集团合一工作室副主任
刘　阳　杨　柯　曹曦尹　沈天成

历史宅园空间与未来共享社区

苏州传统民居由"宅""园"组成，宅为居住，园供游赏，传统民居的保护，应延续其完整的宅园空间结构，还原其居住的内核。

顾家花园因宝树园而得名，新中国成立后因公房建设而被填没。本方案根据历史与实施可行性，还原宝树园的一部分，使其成为周边居民与游客汇聚活动的场地。宅的部分恢复历史原状，营造具有完善配套的青年共享社区，提升历史建筑的居住品质与社区活力，以"顾家花园"为文化品牌，形成富有活力、集聚引力的古城游览生活之所。

顾家花园历史

顾家花园在平江历史街区悬桥河南侧，这里曾是唯亭顾氏在苏州的七个园林之一，古史学大师顾颉刚即出生于此，并在此度过童年时光。如今顾家后人依然居住其中。

曾经，顾家花园真正是一座花园，叫作"宝树园"，以山茶树著称。后家道中落，加上战争的破坏，顾家花园逐渐荒废。直到民国顾颉刚祖父时逐渐好转，修缮了宝树园宅子部分，增建了部分建筑，花园部分闲置。新中国成立后建筑面貌逐渐破坏，花园被公房建设侵占，曾经的顾家花园已没了踪迹。

古城的保护开发，应以完整的宅院为单位。本次设计范围是顾家花园4、7号，经向顾行健先生了解，宝树园的范围是顾家花园4-12号，我们希望以整个宝树园为研究范围进行设计，实现完整的顾家花园改造。

整体鸟瞰

混乱搁折,缺少生活空间和公共活动空间

残缺损毁的木构件

木结构损毁,被加建结构包裹

加建造成层叠复杂的坡顶

场地现状

对于历史建筑保护来说,

顾颉刚学术思想对历史建筑保护的启示

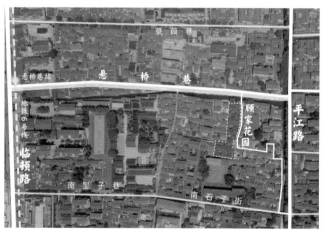

顾家花园周边交通

悬桥巷名人故居众多

4-12号为顾家花园范围

顾家花园建筑年代

设计思路

在认识了宝树园的历史之后，设计的灵感也浮现了出来。听到"宝树园"，我们最初想到的是《滕王阁序》中那句："非谢家之宝树，接孟氏之芳邻"。宝树不仅指珍贵树木，也是指子孙成材，芳邻则是指和谐积极的邻里氛围。这些应该是读书人家最大的心愿了。当年顾家的宝树园，也是四面芳邻环绕，才有了今天如此多的名人故居。院中的门楼雕着"子翼孙谋"四个字，也正代表着对世代子孙的美好期待。

名人故居已是过去，宝树园也已消失，我们能做的，便是通过设计，努力去重现"宝树之园"和"芳邻之家"。

对此，我们主要要做两件事：重现宝树园，营造新邻里。

顾家花园11-1号的位置曾是宝树园的水池，据顾行健先生的回忆，池塘的范围与房子轮廓相当，在"文革"时期被填没。我们希望将"文革"时期建的11-1号和新中国成立后建的9号拆除，恢复过去的水池、山茶林，虽然不能做到曾经的规模，但至少可以给密集居住的街区里设一处较开阔的活动空间，可以为周边居民提供一个消闲的场所，也可以汇集游客，承接前往顾颉刚故居、苏肇冰故居的游客，"宝树园"本身也作为一个景点，顾家花园也可以成为他们的目的地。

宅子主要分为三部分。顾家后人宅院的位置不变，修缮后进行回迁，这是顾家花园最核心的居民。宅子北侧临河，东侧临街巷，所以北部和东部作为顾颉刚文化研究展示功能。面向悬桥河的后庭作为顾颉刚思想研究中心，闲置时则作为居民活动中心。沿顾家花园巷的一排成序列的房屋作为展示中心。靠近宝树园的部分作为纪念品店、茶馆、市集，形成完整的游客体验；南部较为完整和私密，作为优居住宅，容纳新的居民。

顾家后人的住宅是场地中风貌保持最好的部分，包括外立面木门窗、游廊、庭院、完整的门楼，基本保持着民国的样子。

北侧和东侧主要是展馆和研究中心。这部分建筑因为是民国建筑，多是四面窗墙，少有大面积长窗，所以主体变动较小，易于还原。将后期搭建部分拆除后进行大修，完全保持其历史原貌。面向悬桥河的一面是整个故居最重要的展示界面，三个展馆自北向南直接联通，流线十分明确。三个展馆正好对应顾家的三个主题内容。最先进入的是顾氏馆，展示的是唯亭顾氏的家族史和宝树园的流变史；之后进入故事馆，由顾氏聚焦到顾颉刚，展示顾颉刚一生的经历和故事；再之后进入古史馆，由顾颉刚聚焦到顾颉刚的学术思想，主要展示顾颉刚的古史学说。

古史馆的位置，是宅子的花厅，解放前顾颉刚在苏州设立文通书局，将这里用作书局的办公场地。我们将这间花厅改造为文通书吧，以顾颉刚个人著作为特色，与古史馆结合，游客在观展的同时，也可以在此阅读留念。

从文通书吧出来，便是"一见如顾"文创店，在这里可以买到和顾家文化相关的文创产品。这间房子是"文革"时期重建的，与历史面貌已有较大差异。我们依据过去的测绘图恢复了曾经房屋的平面形状，用较为现代的手法做了这间纪念品店的室内设计，使其兼具一些"网红"属性，作为顾家花园对游客的吸引点。

从纪念品店走出来，便是宝树园，这是整个游览的高潮，空间顿然开朗，旁边就是"顾茗思意"茶馆。人们可以面对着宝树园坐下，点一杯碧螺春，翻开刚刚在文创店买的笔记本，记下自己和宝树园的"一见如顾"。

南部是优居住房"芳邻居"的部分。

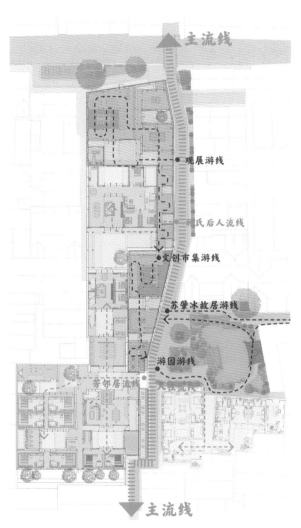

流线分析

顾家桥看向展馆入口

"顾茗思意"茶馆与芳邻居入口

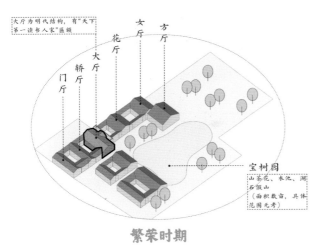

大厅为明代结构,有"天下第一读书人家"匾额

门厅 轿厅 大厅 花厅 女厅 方厅

宝树园
山茶花、水池、湖石假山
(面积数亩,具体范围无考)

繁荣时期

太平天国期间作为听王府,"天下第一读书人家"匾额被毁

遭兵祸,祖宅损毁严重,堂归机织局使用

园林荒废,仅存戏沼池塘面积有一亩多

兵毁时期

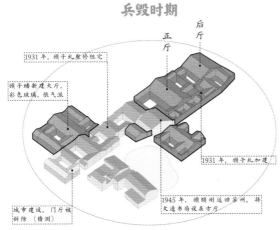

1931年,顾子虬整修祖宅

顾子虬新建大厅,彩色玻璃,很气派

正厅 后厅

1931年,顾子虬加建

城市建设,门厅被拆除(猜测)

1945年,顾颉刚返回苏州,将文通书局设在方厅

重建时期

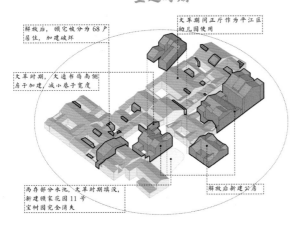

解放后,顾宅被分为68户居住,加建破坏

文革期间正厅作为平江区幼儿园使用

文革时期,文通书局高侧房子加建,减小巷子宽度

尚存部分水池,文革时期填没,新建顾家花园11号宝树园宅园全消失

解放后新建公房

公房时期

繁荣时期	明 ● 归湛初创"米大堂"
	明 ● 胡汝淳购地,改为"恰隐山房"
	清初 ● 顾其蕴购地,作为"反清"避世隐居之所,保留大厅结构,重建宅园,有洞石、树林、池塘,因多山茶花,名之"宝树园"
	清康熙 ● 顾秉忠添增建"安时堂",加建蘅草庐、澄碧亭、芥圃,人称"顾家花园"。康熙南巡,题匾额"江南第一读书人家",悬于大厅
	1781 ● 顾半樵因其父充军,降为平民,自此顾颉刚一支迁居宝树园
兵毁时期	1851—1864 ● 太平天国为听王陈炳文部所用,匾额毁,后顾家花园被兵毁,仅存池塘戏沼
	1864 ● 收为官产,堂归机织局使用,园归顾家。后顾家花园重归顾家
	1893 ● 顾颉刚出生于顾家花园,在此度过幼年,至1912年赴京
重建时期	1931 ● 顾颉刚祖父顾子虬重修顾家花园。新建西路两进,东路五、六进
	1945 ● 顾颉刚返苏,文通书局设分部于苏州,顾颉刚任所长,方厅作为书局办公场所
公房时期	新中国成立后 ● 顾家仅留正厅为顾家所有,其余划分为68套民房,大厅明代遗构毁坏
	"文革"时期 ● 正厅作为平江区幼儿园,顾家后代迁至顾家花园8号。原池塘遗迹填没建设公房
	1983 ● 正厅归还顾家后人
	1998 ● 顾颉刚故居成为苏州市文物保护单位

宝树园历史

"顾氏馆"室内效果

"故事馆"室内效果

"古史馆"室内效果

"一见如顾"文创商店室内效果

"宝树园"景观效果

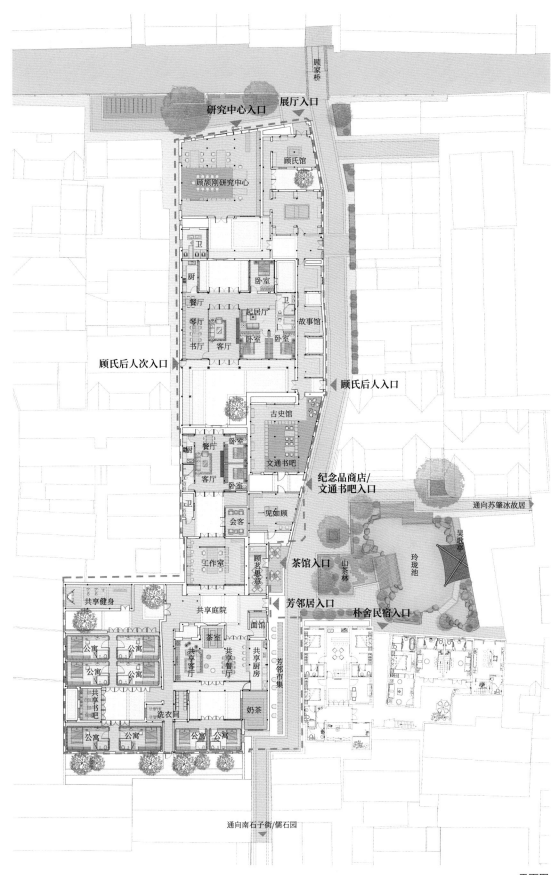

研究中心入口　展厅入口

顾家桥

顾颉刚研究中心

顾氏馆

卫

厨
卧室
卫

餐厅
起居厅
故事馆

琴厅
书厅
客厅
卧室
卧室

顾氏后人次入口

顾氏后人入口

古史馆

厨
餐厅
卧室

文通书吧

客厅
卧室

纪念品商店/
文通书吧入口

通向苏肇冰故居

一见如顾

会客

吴歌亭

玲珑池

山茶林

工作室

顾茗愚意

茶馆入口

朴舍民宿入口

芳邻居入口

共享健身

共享庭院

面馆

茶室

公寓
公寓

芳邻市集

公寓
公寓

共享客厅
共享餐厅
共享厨房

共享书吧

洗衣间

奶茶

公寓
公寓
公寓
公寓

通向南石子街/儒石园

平面图

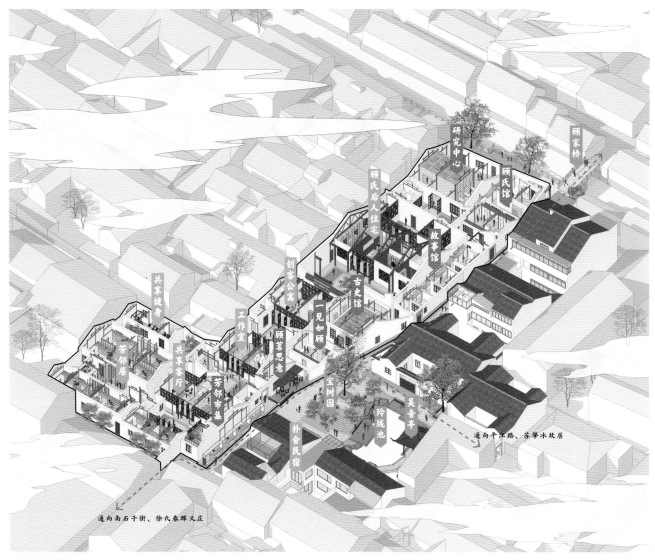

功能分布图

　　我们认为，古城的核心是居住，修复的古宅不应修复好后被束之高阁，作为民宿、店铺和展示馆，更多数的宅子应作为住宅使用。

　　很多人都有苏州古城情结。有些有钱人，想有一套完整的宅院；有些人想要拥有哪怕一进院子；有些创业者，需要一间真正有故事、有历史价值的空间作为自己的工作室；有些初入社会的年轻人想要住在古宅里，独门独院不敢奢想，但能体面地住在一栋历史建筑的一个房间里，这种感受也是现代的城市建筑不能替代的。

　　我们希望能够在设计中提供不同的居住类型，为古城保护建筑居住作更多的探索。

　　在南部的"芳邻居"中，我们布置了一套带工作室独院的住宅，其他部分作为青年公寓，以"插件化"的居住单元植入保护建筑中，最低程度地破坏古建构件，在抬高的地面下集成当代生活所需的管线设施。除了私密的卧室外，其中更大的部分作为健身、厨房、客厅、书房等完善的共享空间配套，吸引年轻人或年轻创业者住进古城，为古城带来活力，使这些年轻人逐渐扎根古城。

　　宝树园中曾经大大小小的庭院天井被重新组织起来，从外面到家中，先是经过开放性最高的宝树园，然后是共享的庭院，最后是自家的生活庭院，由公共到私密，上演着各种不同的邻里故事和生活场景。

　　这一次设计，除了建筑、景观、室内设计外，我们还尝试跨界，做了顾家花园品牌设计，由外而内，成

「顾家花园」文化品牌

展览与视觉产品

文化创意产品

居住与服务产品

公共环境产品

顾民古史事 — 顾家花园文化展示中心
芳邻居 — 顾家花园共享社区
文通书吧
朴舍
寶樹園
一見如顾 — 顾家花园主题文创店
顾茗思意 — 有顾事的茶馆

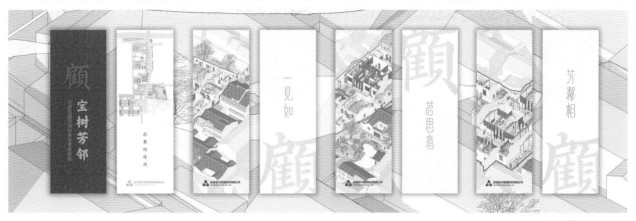

顾家花园文化品牌

为一个表里合一的设计。

顾氏、顾家花园、顾颉刚，这里的所有主题都离不开"顾"字。

这里的空间记忆、历史信息、文化符号，都聚焦到"顾"上。

我们将"顾"字强化，空间内容都围绕"顾"字。于是有了一见如"顾"、"顾"茗思意、芳邻相"顾"，也有了"顾氏古史故事"。我们希望这里能真正引发游客的兴趣，"顾"字可以成为他们心中的一个符号，与这块土地的主题相连。

我们设计定制了一套顾家花园的文创产品，包括帆布包、笔记本、杯垫、书签等，并在展览现场做了展示，与参观者互动，取得了很好的反馈。

设计总结

本次顾家花园的设计，我们对古城保护有了更深的认识，也有了一些反思与体会。

①宅园一体。古城开发应以整座宅园为单位进行研究与设计，应明确各宅各户历史上的边界，逐渐还原苏州古城曾经清晰的"宅园－街巷"格局。

②归宅于宅。功能上，古城应以居住为主，延续居住的内核。留住原居民和原真生活，吸引新居民形成新的苏州生活，历史街区才会活着传承下去。

③退宅还园。苏州古城原有的空间形态，并非如今这般拥挤。在有依据的情况下，应拆除后期搭建的房屋，恢复过去的园林，还原古城适宜的建筑密度，形成宜居的社区环境。

共享客厅室内效果

展览现场参观者与"一见如顾"文创产品的互动

最终评审展览现场

专家点评

　　方案特色鲜明，在挖掘名人故居价值方面下了很大的功夫，充分利用顾颉刚故居这一稀缺文化资源，结合展览、研究、文创等业态，打造顾颉刚文化品牌，把顾颉刚故居的价值充分地体现出来。这对塑造这一整个小区域的名人故居群是很有意义的，这是本方案的亮点之一。另外，方案提出恢复宝树园是非常好的一个建议。

层累故园

设计单位：

　　苏州科技大学建筑与城市规划学院

主要成员：

徐永利　　副教授
蓝　刚　　讲　师
裴立东　　讲　师
李旻昊　　讲　师
周　超　唐倩倩　郭　月　侯　雯　黄佳昕
蒋文杰　张　倩

基地解读与破题角度

　　顾家花园 4、7 号位于平江历史文化街区核心保护区，如果仅从风貌上看，无非是绵延成片的传统建筑群中的一座，由于一直有人居住且早于 1988 年便被列为苏州市文物保护单位，所以整体保存质量尚好。但作为著名史学家顾颉刚先生故宅，设计任务书要求"充分利用有价值的历史元素，鼓励创新性的传承。项目定位以顾颉刚先生文化展示和居住为主，探索与原住民共建共治的更新模式，为破解古城空心化难题探索路径"。那么首要的着手点便不是单纯的文物保护，而是需要对基地区位、周边环境进行全面解读，方可找到合适的破题角度。

　　故居地处悬桥巷以南，临近平江路小新桥，用地面积约 1780 平方米，原建筑面积约 1100 平方米。虽距平江路不远，但直接影响故居人流规模与来向的是悬桥巷、顾家桥与毗邻的河道。在 2018 年苏州古城 20-30 号街坊城市设计中，提出"全面提升悬桥河旅游功能"，那么顾颉刚故居完全可以融入这条未来水上游线所串联的旅游体系之中，从而实现纪念与展示的最大宣传效应。

　　这条游线直通耦园，沿岸悬桥巷、大新桥巷上分布着众多清末民初的名人故居；而另一条南北走向的顾家花园巷，南起南石子街，北至顾家桥，全长 221 米，则将历史上的顾家老宅其他院落以及科学院院士苏肇冰的故居联系起来，同样位于故居群的范围之中。如果将视野扩展到临顿路–白塔东路–仓街–干将路所围合的大的步行体系范围，则顾颉刚故居分明处于一个由二十余处名人故居组成的文物建筑群之中，关于这座建筑保护设计的基本定位也便由此产生。

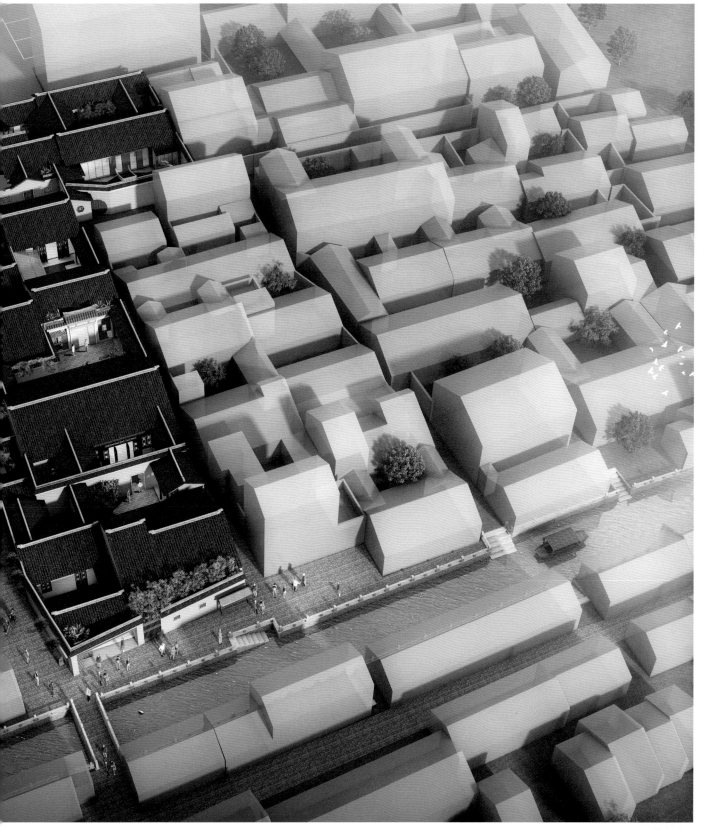

总体鸟瞰图

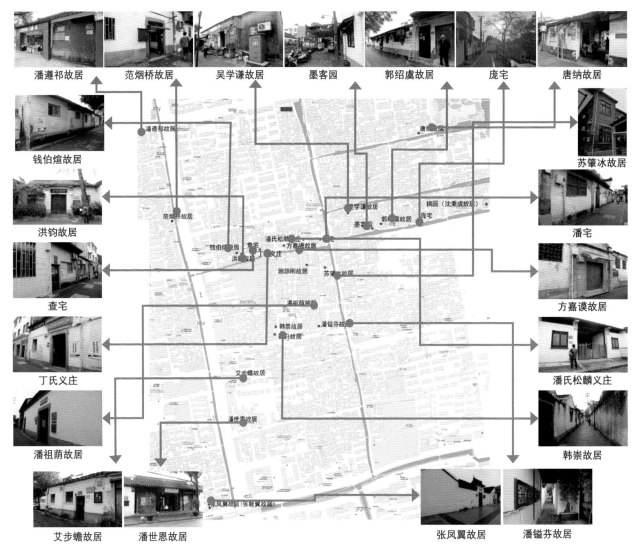

潘遵祁故居　范烟桥故居　吴学谦故居　墨客园　郭绍虞故居　庞宅　唐纳故居

钱伯煊故居

苏肇冰故居

洪钧故居

潘宅

查宅

方嘉谟故居

丁氏义庄

潘氏松麟义庄

潘祖荫故居

韩崇故居

艾步蟾故居　潘世恩故居　　　　　　　　张凤翼故居　潘镒芬故居

周边名人故居分布现状图

业态定位与保护原则

顾颉刚故居是典型的名人故居，保存完整、名人印记突出，但也难免遇到当代保护行为常见的尴尬——如何可持续发展？仅靠一幢房子能否独立存活？困难是显而易见的，但又不能仅依赖于政府的资助补贴，那样便失去了这次设计竞赛的意义。既然周边建筑群文化氛围显著，在政府已经启动的产权关系整合之后，便足以形成业态互补的多元开发网络。虽然本次任务书只针对顾颉刚故居，但完全可以将目光放长远，基于一系列的名人故居保护利用而布局策划。针对整个地段，方案组提出"积少成多、渐具规模，业态成组、资源互补，满天星斗、多元一体"这样三组业态策划策略。由于顾颉刚故居正处于名人故居分布区域的重心位置，反而因此在功能定位上获得解放，例如可以与周边的潘祖荫故居（花间堂探花府）、苏肇冰院士故居、潘氏松麟义庄在业态上加以区分，兼顾纪念性功能（展示、研讨、访问、生活）、社区服务特征（沙龙、商务、茶室、亲子）、教育类产业（青少年体验等），以此回应任务书要求的"文化展示""共建共治""破解古城空心化难题"等价值取向。

作为市级文物，顾家花园4、7号的改造应遵循相应的文物保护建筑改造利用原则。故本方案在设计之初，便拟定了可逆、活态和协调三项保护原则，以保障设计方案的科学性和可实施性，恰与业态定位上的需求相互印证。

概念生成与设计策略

"古史是层累地造成"，这是顾颉刚先生作为史学大家的名言。本方案由此演绎出"层累故园"这一设计概念，并将"层累"这一学术概念转换为空间设计策略。

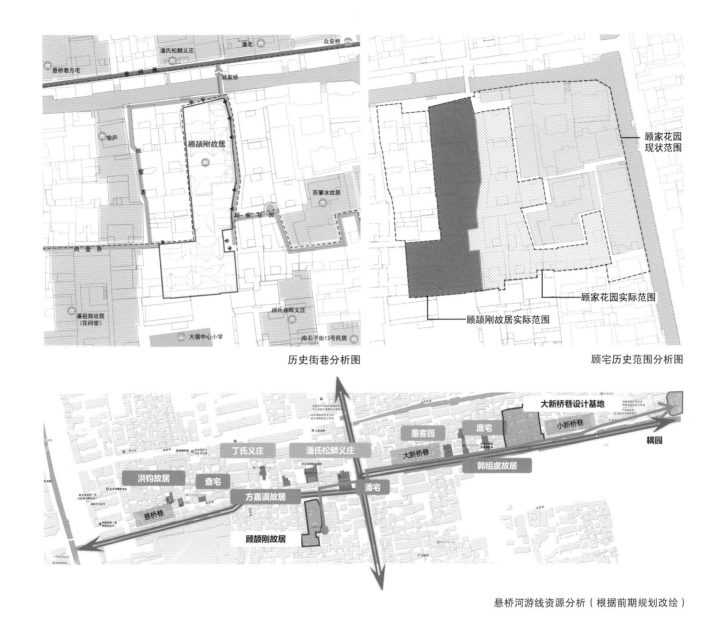

历史街巷分析图

顾宅历史范围分析图

悬桥河游线资源分析（根据前期规划改绘）

此理念既可以是人文层面的"层累"，又可能是时空的"层磊"，同时暗示着叠山理水的园林手法，以强调"顾家花园"的存在，形成"故园"与"当下"的叠加。"层累"要素包括：生活场景、文化场景、社区场景的层累，家族沿革、历史贡献、学术生涯的层累，以及展示纪念活动（白天）与社区交流活动（夜晚）的层累。同时，"故园"也意味着"顾园"。

"层累"理念下的设计策略涉及修复性保护、可逆性保护和协调性保护三个层面。

修复性保护设计策略包括：根据基地周边历史测绘图的研究，梳理、打通原有巷道，保证故居的交通便捷性与通达性；通过测绘图或根据苏州传统建筑规制进行判定，理清基地中的私自搭建部分并予以拆除，恢复传统院落空间格局；清理厅堂内部的私自分隔，还原空间原有的形式，从而贯通主轴线的进路关系；恢复单体立面，将由于多人聚居导致的杂乱门窗现状进行整治，取消私自开设的门窗洞口；对单体局部的加建改建进行拆除，如局部夹层和阁楼等，最大限度地还原建筑本貌；关注建筑庭院景观，一方面对现有景观遗迹进行保留、保护，另一方面根据史料描述还原早期庭院景观形态。

可逆性保护设计策略包括：为了使建筑群体形成更加便捷高效的交通体系，将北侧原有天井开放，形成整个故居的北侧入口，直通北侧主要道路以及规划中的水上游线，天井仅作局部墙面开口，位置、形式均保持原有形态；第四进大厅完整保留原有柱网结构，拆除后期墙体后暂不设围护结构，形成开敞的大厅空间，保证建筑展示功能对于大空间的需求；西侧院墙开设月门漏窗，加强了建筑庭院与西侧街巷的互动性，打破原来西侧街巷封闭特质，从而激活周边区域空间；各进庭院之间围墙加设漏窗，增强院落之间的通透感与视线通达性，形成更加丰富的空间序列感。

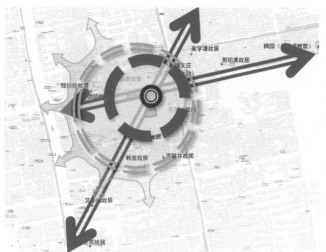

顾家花园 5—10 分钟生活圈分析

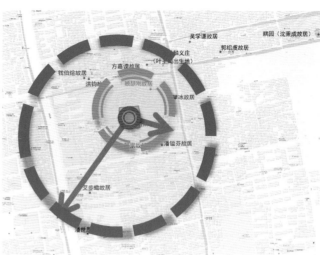

顾潘祖荫故居 5—10 分钟生活圈分析

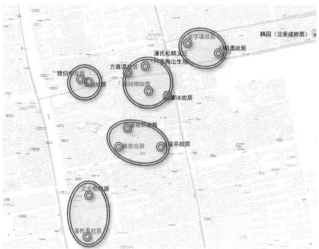

名人故居业态成组分析

顾家花园在故居群中的业态调整（根据前期规划改绘）

大儒巷社区需求调查

顾家花园地段主要流线分析

协调性保护设计策略包括：将备弄东侧开放为社区活动与休闲空间，增加建筑与周边社区的互动联系，为社区提供复合型公共空间；保留故居东侧巷道尺度，整合外部公共空间，合并东侧入口处两处凹口，打造宝树园广场；拆除基地南侧的违章建筑，建立与大儒小学的联系，实现教育事业与教育资源的整合；打造西路花园，实现顾家后人常居与青年学者暂居的混合"优居"状态；借助庭院、天井等，实现建筑与东西两侧巷道的互通，使建筑本身成为社区的枢纽，形成人流、人气的聚集点。

按照上述设计策略进行方案的推进与深化，最终拆除建筑 115.08 平方米，改建 382.16 平方米，设计建筑面积 1358.83 平方米，形成了西路优居花园、东路社区沙龙、中路主题展示这种三路并行、临路交织的整体格局。

模式创新与探索价值

本方案在历史空间的"活化"模式上有所创新。方案将原有主路拆分为两个南北向空间序列，形成正路（中路）与附路（东路）、西路三个空间序列，各自采取不同的功能策略。

正路根据纪念展示需求，在空间上强调灵活性，可在平时模式与展览模式两种状态中弹性转换；东侧附路则借助一系列的小空间，依据顾先生在各地驻足时序布置北京馆、厦门馆、广州馆、兰州馆、昆明馆、成都馆、上海馆等，平时兼作茶室，实际上承担全国各地的纪念团体、场馆在苏州的交流终端功能（多媒体互动即可），达至展示纪念行为超出苏州一地的云端拓展；西路恢复顾家"芥园"意象，为青年学者研究顾先生生平、承继历史研究的暂居之处，顾家后人在此可尽地主之谊。

方案既保留了名人故居本体空间逻辑的完整性，又创造了多元化的社区共享氛围。文化资源层面上，首先将顾颉刚故居的业态定位与周边名人故居资源结合在一起，形成"故居网络层累"（顾颉刚 – 其他平江名人），其次将苏州一地的纪念行为与全国对顾先生的纪念行为结合，形成更大尺度的"纪念网络层累"（苏州 – 全国）；市场需求层面上，首先是"功能叠加"（生活 – 展示 – 商务），其次是将纪念空间与社区需求结合在一起，实现"社区融合"（故居 – 邻里）。

我们希望，通过以上模式的创新与探索，能够实现顾先生学术精神的延续、传统文化的接续、当下街区的持续。

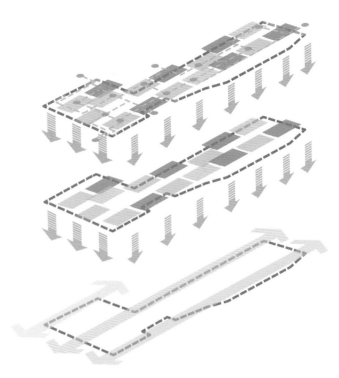

并置·叠加·融合

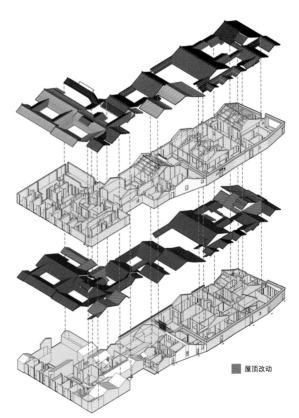

■ 屋顶改动

违章拆除分析

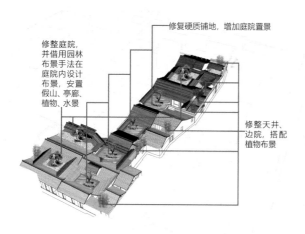

修整庭院，
并借用园林
布景手法在
庭院内设计
布景，安置
假山、亭廊、
植物、水景

修复硬质铺地，增加庭院置景

修整天井、
边院，搭配
植物布景

景观修复策略

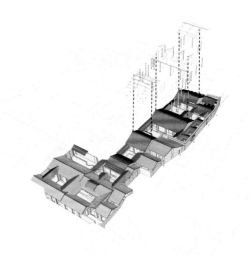

结构修复策略

屋面修复策略

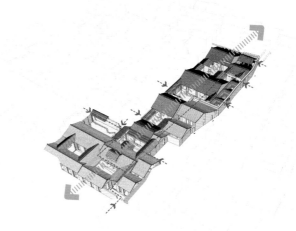

流线整饬策略

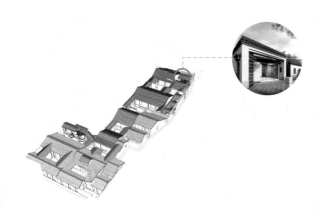

北入口可逆性改造

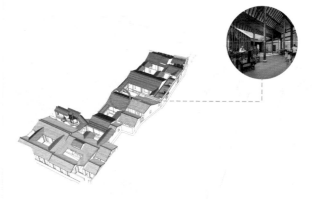

社区起居室可逆性改造

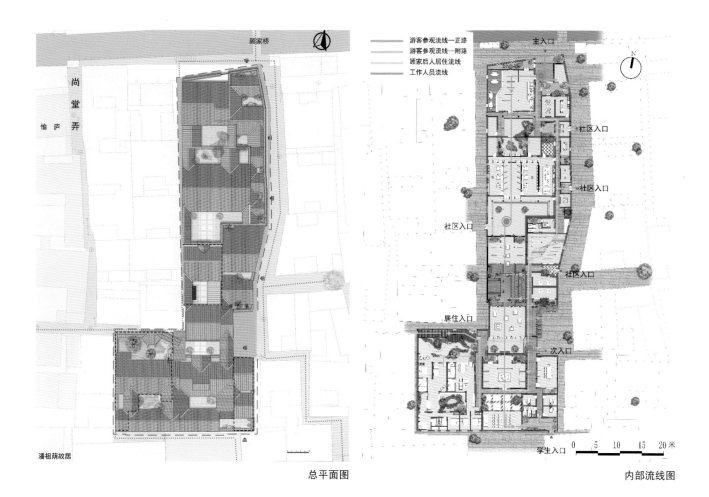

尚堂

愉庐弄

顾家桥

潘祖荫故居

总平面图

游客参观流线—正路
游客参观流线—附路
顾家后人居住流线
工作人员流线

主入口

社区入口

社区入口

社区入口

社区入口

居住入口

次入口

学生入口

0 5 10 15 20 米

内部流线图

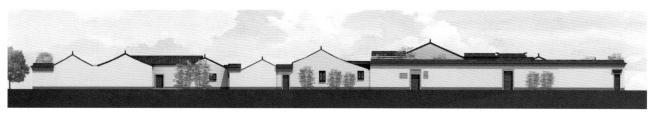

东立面图

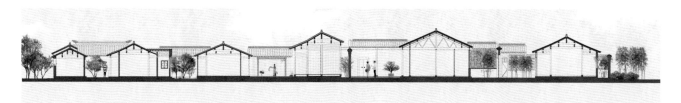

剖面图

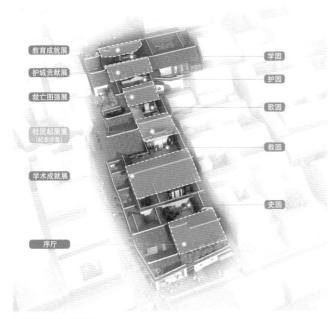

教育成就展 ——— 学园
护城贡献展 ——— 护园
救亡图强展 ——— 歌园
社区起居室
(纪念沙龙) ——— 教园
学术成就展 ——— 史园
序厅

正路各进功能定位

古井
拳山勺水
古井
竹

山茶花

古井

竹

澄碧亭
安时堂
纯熙堂
子翼孙谋门楼

结蘅草庐

历史要素体系

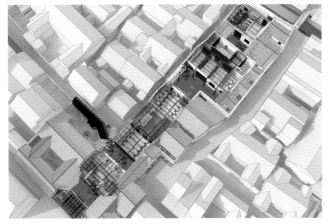

饱和展示状态

日常使用状态

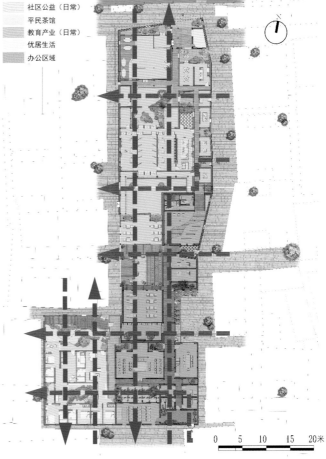

社区公益（日常）
平民茶馆
教育产业（日常）
优居生活
办公区域

0 5 10 15 20米

功能结构分析图

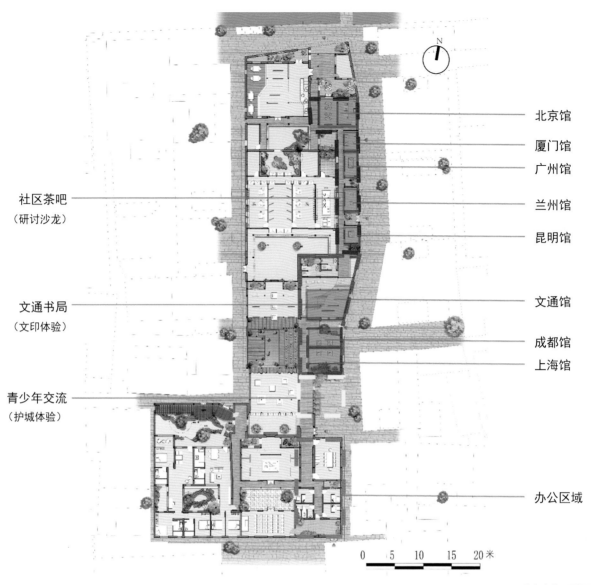

社区茶吧
（研讨沙龙）

文通书局
（文印体验）

青少年交流
（护城体验）

北京馆

厦门馆

广州馆

兰州馆

昆明馆

文通馆

成都馆

上海馆

办公区域

0　5　10　15　20 米

附路功能配置图

北入口意象图

宝树园广场意象图

教园意象图

备弄意象图

学术成就展意象图

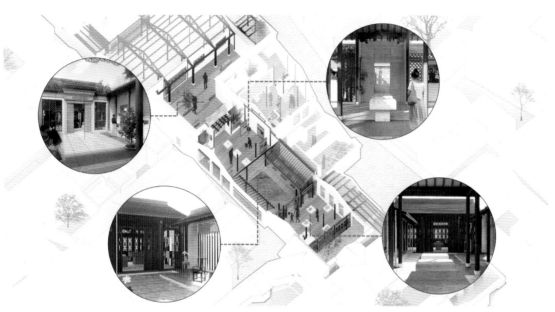

正路中段展示场景

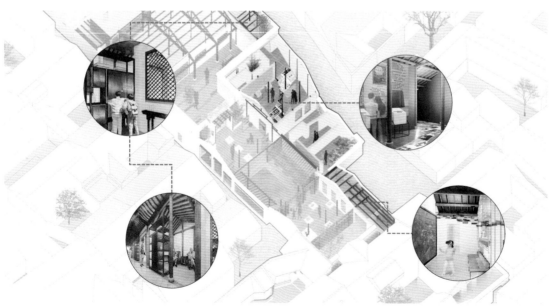

附路中段互动场景

社区起居室生活场景

芥园意象

专家点评

　　方案以顾氏博物馆为主题，前期调研详实，设计上充分考虑文物保护建筑保护要求，三个设计理念比较得当，可落地性较强。同时，方案引入了名人故居群的概念，并作了进一步的梳理和整合。这就为今后在更大的范围内进行城市设计或者概念规划打了基础，这样苏州古城的改造就不是一个个点，而是一个片，这个片的品牌就是名人故居群。

　　在本次设计的院落里，方案突出了展览功能，这也为将来在更大区域的群体上实现业态的整合提供了条件。同时，该方案功能的另一大特点是强调引进教育功能，这避免了改造业态的趋同。

时·光·传承

设计单位：

零点营造设计有限公司
苏州合展设计营造股份有限公司
哈佛商学院

主要成员：

设计总监：周　卫
建筑设计：周　卫　许　可
商业策划：周　叶
创意设计：戈文娟
景观设计：李晓磊
视觉设计：陈　烨
插画设计：钱雪玙

引子

　　他们在过着平淡的日子，在旧的房子里，他们在烧晚饭、在看报纸，也有老人在下棋，小孩子在做作业，也有房子是比较大进深的，就只能看见头一进的人家，去往里边的人家，就要走进长长的、黑黑的备弄，在一侧有一丝光亮的地方，摸索着推开那扇木门来。

——范小青《苏州人》

　　苏州古城是 2500 年风貌的传承，是无数江南水乡的典范，为此苏州很早便对老城区实行控制性保护。这一措施保住了古城的风貌与格局，保留了居民的生活习惯，但同时也产生了一些问题。由于生活品质不佳，配套服务设施不足、落后，大量的年轻人外迁，民居的空置率不断上升，古城的空心化、老年化也愈发严重。截至 2018 年年底，苏州市老年人口已占户籍总人口的 26% 以上，"十三五"时期其人口老龄化程度持续加深。而年轻人的外迁同时还产生了城市文化传承的问题。因此，老年化的古城，如何保持古城风貌，恢复城市活力，延续传统文化，成为古城复兴工作的重点。

平江路实景

古城人口老龄化程度加深

山塘街实景

唐寅故居

吴待秋故居

吴江徐旧居

钱穆与钱伟长故居

潘镒芬故居

吴云宅园

古城内名人故居现状

苏州古城内名人故居众多,整体上呈点状散落于古城内。这些名人故居由于名人的名气、区位、面积等多方因素的影响,呈现三种生存状态。

①商业运行类

名气较大、区位较好的故居采用旅游+商业的传统模式进行开发。旅游方面,同质化较严重;商业方面,整体需求量基本处于饱和状态,这类故居开发业态比较单一,其发展潜力不足。如唐寅故居名气较大;钱穆与钱伟长故居(耦园)则园林景观较好,以旅游业为主。

②家庭居住类

这类名人故居主要由其后人居住或由多户家庭共同居住。其后人居住的故居建筑质量相对较好;而由多户家庭居住的故居,大多数建筑年久失修,破损较为严重,居住环境也较差。长期用于居住使用的名人故居整体品质参差不齐,急需进行清理修复,且这类故居占比最多。如吴待秋故居,现为其子吴门画家吴木的宅园;潘镒芬故居现有多户家庭居住其中。此次研究对象顾颉刚故居便属这类,后人居住,部分空置。

③无人空置类

由于名人名气效应不大,区位相对偏僻,商业和旅游价值都不高,以及其他因素影响,此类故居基本处于空置状态,这类故居再开发利用潜力较大。如敦睦园早期作为"吴门人家"美食馆展区,菜馆迁出后,处于空置状态;吴江徐旧居(笑园)被居住区包围,目前无人管理;吴云故居部分空置,听枫园独立对外开放。

上述三类名人故居,除部分保护利用情况良好,多数因各种原因,亟须整理修复,保护性使用。

养老机构

咖啡厅

养老公寓/养老院	居家养老
优势 1. 环境条件比较好 2. 配套设施齐全 3. 服务完善	**优势** 1. 保持原有的生活习惯 2. 医疗、购物便利性很高 3. 空间尺度宜人
劣势 1. 位于郊区或近郊，生活便利性比较差 2. 邻里关系缺失	**劣势** 1. 居住建筑的质量不佳 2. 社交的场所不足 3. 市政服务设施不足

两类养老方式利弊分析

民宿

古城人口结构现状——老龄化

"人"是城市充满活力的动力，合理的人口结构是城市可持续发展的源泉。古城面临着大批年轻人离开、老年人留守的问题，这使人口结构不稳定，直接影响到了古城复兴的方向与策略。针对这一问题，妥善解决好留守老年人的养老问题以及吸引更多的年轻人回归古城是重中之重。

古城养老问题目前主要的解决办法分为两类：一类是养老公寓／养老院，另一类是居家养老。两种养老方式对于老人而言各有利弊，但对于习惯古城生活的老人则更偏向留在古城养老。

在吸引年轻人回归方面，政府也积极引入新业态，如民宿、新型餐饮、新文化产业等，希望借此吸引年轻人的回流。新业态在一定程度上吸引了一部分年轻人，只是这些业态将老年人与年轻人分割开，没有互动的社交平台，无助于文化的传承。

建筑修复只是古城复兴的第一步，合适、恰当的业态植入是城市复兴的关键。而合适、恰当的业态不应是孤立的、单一的，应是因不同层级的需求而具有多样的可能性。名人故居保护更新时，可利用名人效应，将养老、文化传承、古建筑保护三者融合，恢复建筑的生机，活化古城新生活。

项目基本情况

项目位置处在古城居民区的核心腹地、苏州古城平江街区文化历史保护区内，距平江路约70米。基地南北跨度约80米，北端临河，场地稍宽。东部为主通道，北端为人流入口。故居于1998年被列入苏州市文物保护单位，目前顾家后人仍居住其中，大部分房屋空置。

故居分为南、北两部分，南部为顾氏祖宅，系清代建筑，坐北朝南，分两路四进。北部系民国时期所筑，主建筑为三间带两厢平房，比较宽敞，南有庭院，通风采光均佳。屋面体系保存完整，错落有致。整体建筑按建造年代，有着明显的时代特征，是苏州的传统民居，院落关系明显，递进层次清晰，轴线关系分明。但部分建筑年久失修，日渐破败。

故居区位

故居内部现状

设计理念

　　根据项目具体特性，本方案对顾颉刚故居从保护、更新、传承三个方面统筹考虑。保护的是建筑群落的空间结构与生活风貌，主要包括完整的屋面体系、遗存的顾家牌楼、安时堂等；更新的是新功能、新环境和新的生活方式；传承的是文化、民俗。

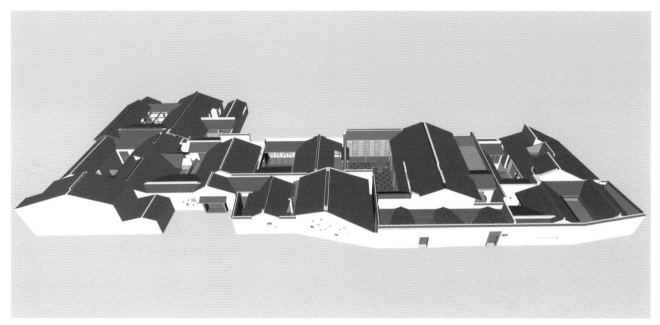

保护

更新

传承

功能与定位

在保证名人展示、顾家后人自住的前提下，提出以养老为主，文创为辅的理念，将养老、文化展示、文创相结合，提高故居的空间利用价值。服务人群主要分为老年人、顾家后人、年轻人，以功能为导向将三者联系在一起。老人与顾家后人共享社区服务，顾家后人与年轻人以名人效应为引擎，通过文创展示搭建彼此联系，老年人与年轻人借助社交平台，以文化传承为媒介，加强彼此的沟通交流。

整个建筑群分为三个区域，南部整体区块为养老示范区，包括老人居住、活动、休憩的空间；中区为展示、自住区，主要包括顾颉刚历史文化展、顾家后人自住、社交平台等；北区为文创展示和茶饮区，主要服务年轻人。

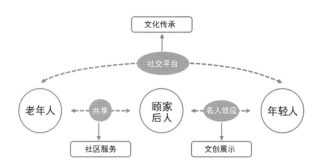

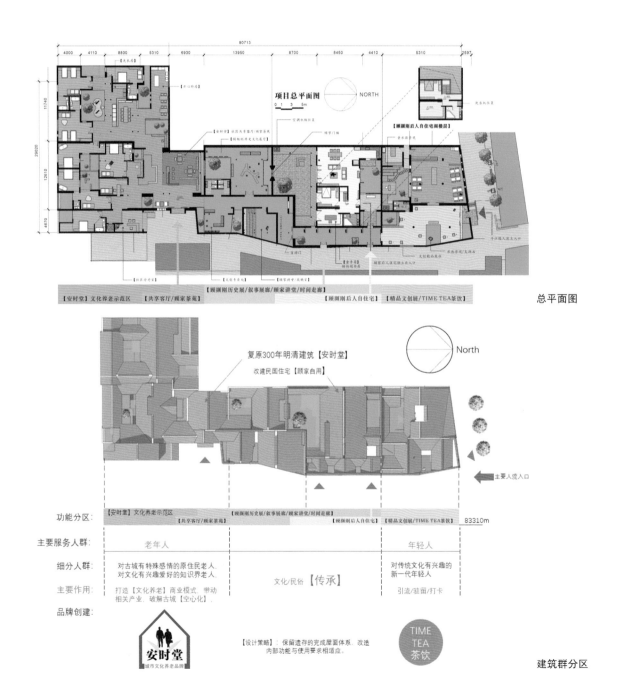

总平面图

建筑群分区

①南区——文化养老示范区

以"安时堂"为品牌文化建设养老商业模式示范区，以此带动文化养老产业。空间布局上构建"7+1"的文化养老社区模式，"7"即 7 个套间，满足 7 对或 7 位老人日常生活居住；"1"即 1 个社区诊所，为老人提供日常的照料护理。7 个套间通过苏式庭院的围合、分割，形成各自相对私密的小空间，满足老人对私人空间的需求，而庭院又能满足老人对邻里交流的需要。在公共空间内设置配套设施，主要包括健身、读书娱乐、老年茶室、开心食堂、盆景园等，为老人提供丰富多样的活动。

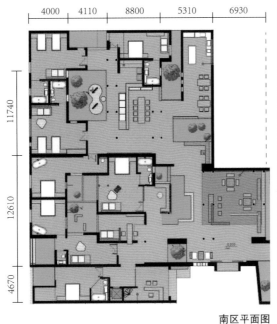

南区平面图

南区模型

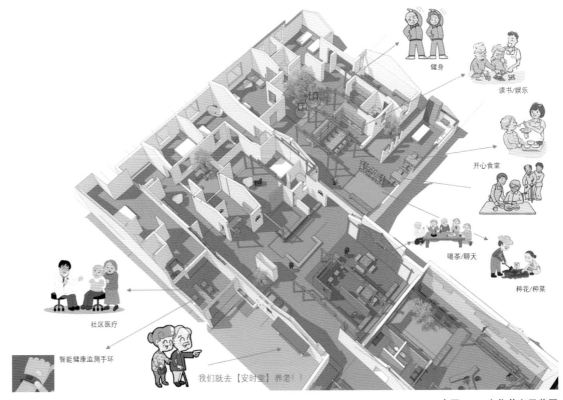

健身

读书/娱乐

开心食堂

喝茶/聊天

种花/种菜

社区医疗

智能健康监测手环

我们就去【安时堂】养老！

南区 —— 文化养老示范区

②中区——自住区和展示区

　　以顾家后人自住区为基础，重新设计自住空间，满足生活的需求，改善居住环境，让其后人安居。将顾颉刚历史展厅与其后人为伴，以人与后人时光交错，生动而具体，备弄转换成时空廊，联系着故人时光与现在的生活。

顾家后人自住宅空间效果示意图

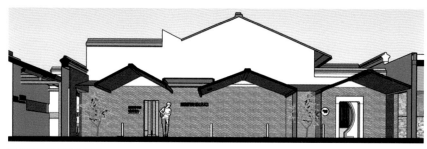

时间走廊空间剖面图

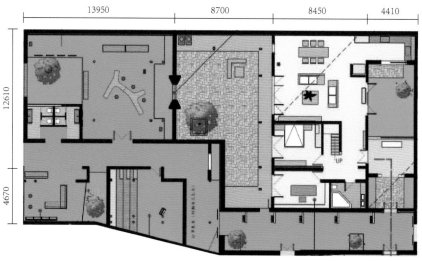

中区平面图

③北区——精品文创展和茶饮

为喜欢传统文化的年轻人构建的交流、休闲的文化茶饮，为以顾宅为 IP 的文创产品提供商业平台，吸引更多的年轻人入驻古城，提升古城的活力，延续、传承与发扬苏州文化。

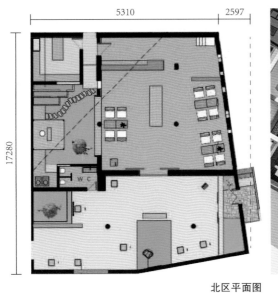

北区平面图

北区模型

北立面

文创展厅 / TIME TEA 茶饮空间示意图

社交平台——文化传承

古城复兴中，文化传承占据重要地位，文化传承需要一代代人的延续，需要沟通交流的平台。在设计中以互动社交平台为支点，吸引对传统文化有兴趣的新一代年轻人，完成新老传承，实现文化传承的目的。

苏州传统民居以院落为纽带，串联各类建筑。在设计中，以使用者需求为出发点，以原有空间结构为根本，将空间分为院落空间、半院落空间。根据空间类型的不同，搭建内容丰富、形式各异的社交平台，为社区老人、顾家后人、参观人群以及年轻人提供沟通交流的社交空间。

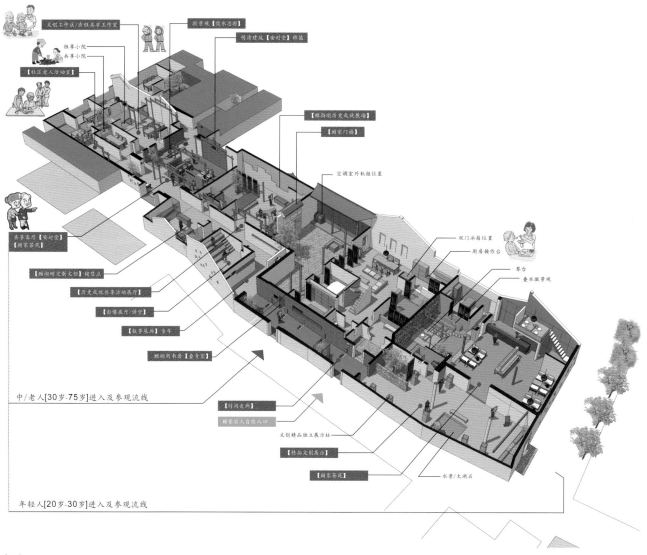

文创工作区/出租共享工作室
微景观【流水潺潺】
独享小院
共享小院
明清建筑【安时堂】修缮
【社区老人活动室】
赖湖湖历史成就展墙
【顾家门楼】
空调室外机组位置
双门冰箱位置
厨房操作台
共享客厅【安时堂】【顾客茶苑】
琴台
叠水微景观
【赖湖湖定制文创】销售点
【历史成就共享活动展厅】
【影像展厅/讲堂】
【叙事庭院】堂屋
赖湖湖书房【叠青室】
中/老人[30岁-75岁]进入及参观流线
【时尚走廊】
顾家后人自住入口
文创精品独立展示柱
【精品文创展示】
【顾家茶苑】
水景/太湖石
年轻人[20岁-30岁]进入及参观流线

鸟瞰图

安时堂

修复百年老建筑供社区老人喝茶聚会

顾家讲堂

庭院

顾家后人参与项目营运讲解历史

剖面图

策划运营

策划项目包括安时堂老年公寓、可租用展陈报告厅／讲堂、TIME TEA 茶饮／展厅外包、文创产品的收益，预算年收入共计 64 万元，顾家后人参与收益每年 6 万元。此项目收益可支持运营维护的各项费用。

尾声

苏州作为历史文化名城，除了需要保护有价值的建筑外，空间格局、文化传承、生活习俗才是其精髓所在，是城市完整性不可缺少的魅力所在。可持续的业态的输入，是推动古城延续发展的动力。文化养老模式是留住人、留住文化的一个可行性举措，将养老融入名人故居更新改造之中，为古城复兴提供了新思路。以超出"建筑设计"的视角和破解古城空心化的深度反思建筑设计，因地制宜，用丰富的空间规划及最佳营运策略做最适合的项目设计。深刻剖析本案的位置条件，深度挖掘明清建筑"安时堂"的历史文化价值，将安时堂南部改造更新为城市文化养老示范区，以此带动相关产业，破解古城空心化难题。同时邻近人流入口的北端打造适合年轻人的"文创展示与茶饮空间"，通过"时间走廊"激发其探究欲，由"顾颉刚历史文化展"辅以定期举办的各类文化活动完成文化、民俗的传承。为顾家后人设计更新最舒适的生活环境。发掘"安时堂"的养老品牌效应，让其老有所伴、生有所依并惠及后代。星星之火可以让古城再次繁荣，这也是我们本次研究设计的目的和意义所在。

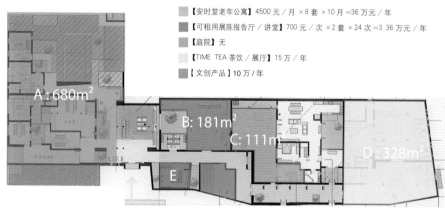

【安时堂老年公寓】4500 元／月 ×8 套 ×10 月 =36 万元／年
【可租用展陈报告厅／讲堂】700 元／次 ×2 套 ×24 次 =3.36 万元／年
【庭院】无
【TIME TEA 茶饮／展厅】15 万／年
【文创产品】10 万／年

A：680m²
B：181m²
C：111m²
D：328m²
E

运营分布

文创产品

Time Tea 发布会

设计方案意向鸟瞰

专家点评

　　这个方案在业态多元复合的情况下，强调了养老功能，并将养老、文化传承、古建筑保护三者融合在一起，这对于深度老龄化的苏州来讲很接地气，对于其他城市的老城区也是非常具有现实意义。虽然仅依靠这样的项目来解决养老问题是不可能的，但是这具有示范意义，是方案业态上最大的特色。

　　此外，方案对于建筑内部空间的设计非常深入，基于使用者的多种需求，打造不同类型的院落空间，提供各类人群互动社交的场所。

生活博物馆

设计单位:
西交利物浦大学设计研究中心

主要成员:
Dr Glen Wash
John Latto
David Vardy
Teo Hidalgo Nacher
顾问:
董一平
Christian Nolf
建筑助理:
Christian Shyan Fen Lau Kuen Wing
索菲娅
李明坤
Bryan Yan Chut Hang

刘梦婷　时露航　吴煜邦　冯蕾霖
胡启铉　孙炜程　朱　琦　魏文欣
李禹锐　宋定锟　赵夏雨

引言

西交利物浦大学设计研究中心(XJTLU DRC)是一个追求卓越实践的建筑设计团队——由中心主任、英国建筑师 David Vardy 和数位曾多次获得国际竞赛荣誉的建筑师、城市设计师和建筑保护专家组成的国际性团队。

就像语言一样,知识是一种"技术"——所谓学以致用,而建筑学科正赋予"建筑知识"以价值。设计思维不是理性地解决问题,设计是"发现正确的问题",而不仅仅是解决一个给定的问题。建筑师会采用艺术性的方式"发现问题",即对一个尚不明确的问题进行艺术家式的多样化的探索,通过即时反馈寻求解答的过程。由于设计探索本身就涉及"反思"和"重构",而设计过程的学术性则体现在对自身实践进行的有目的和批判性的反思。西交利物浦大学设计研究中心正是追求以"反思性实践"为根本的认知方式。

接近博物馆

设计理念

我们所提交的"顾家花园,一个生活博物馆"方案——是由 Glen Wash 博士(建筑设计师)、John Latto(英国建筑设计师)、David Vardy(英国建筑设计师)和 Teo Hidalgo Nacher(西班牙建筑设计师)共同完成的,并得到了顾问董一平博士(建筑保护专家)和 Christian Nolf 博士(城市设计专家)的支持。而我们又是如何把我们的知识贯彻到这个项目其中的呢?

许多我们认为是理所当然的想法值得再思考,比如"建筑遗产"和"建筑遗产管理"之间的关系,或者对"真实性"概念的认识,在过去几十年的实践中都有所变化。思辨遗产的理论(Critical heritage Studies)提出,如果遗产不仅是指过去,而是同时代表我们与过去、现在和未来的关系[1],那么我们认为"保护"可以被理解为一个融汇创新、激进和前瞻性实践的过程。为了再现一些逐渐消逝的东西,我们可能需要"干预""重置"或"转换"特定的建筑或景观之现状。

作为一个参与全球实践的国际设计团队,我们秉承一种复杂性的认识方式来看待问题,理解在不同语境与基地环境中的敏感性和项目各方关系的多样性,旨在避免复制一个普适性思维方式,不加区别地在任何地方应用。在全球视野下重新定义这些场地时,我们坚持应该与当地的机构建立联系并增益我们对地方的认识,以避免在设计方案中陷入对环境的模仿或与之格格不入的错误。

设计方法

这一方案对基地中的建筑采用了一种激进式的保护方式,即对现存有价值的部分小心谨慎地保存,同时也以局部性的空间切割这样略显激进的方式来达到塑造开放空间的目标。切割而形成的孔洞可以帮助我们打开另一种意义的视野,也就是"他者性"的观察。这种"他者性"的视野也许会扩大我们对"遗产"概念的认识——即保护什么。当我们认识到人类与其他形式的生命和环境的交织、建筑与景观的交织、文化与自然的交织、人类与人类之外生命的交织中,什么是应当被保护的?

"越是新的事物、新的文化,越是对于自己不了解或不甚了解的东西,越是要注意进行社会的、文化的、学术的分析和研究,越是不能仅仅作为一种性格,脾气,道德品行或行为习惯进行直观感觉或者直觉的判断。"[2]

顾颉刚(1893—1980年)是中国历史学界的著名学者,以批判的眼光看待历史和传统文化。他早年成长于苏州古城的平江街区,在此接受启蒙教育,而这里正有着丰富的苏州文化遗存。作为20世纪初地方史研究的先行者之一,顾颉刚先生对吴文化中的民歌、传说、方言等进行了大量研究和编纂,这些成果对我们当下了解江南地域文化至关重要。

平江历史街区的城市结构几乎依旧保留了12世纪《平江图》中的布局。连绵不断的黑瓦白墙、湖石园林,塑造了苏州独树一帜的城市景观。坐落在平江历史城区核心区域的悬桥巷和运河旁,顾家旧居是苏州传统建筑中典型的合院住宅。以传统构造方式建造的木构建筑组成的多重院落建筑群,其主体建筑可追溯到19世纪中期,早年顾颉刚先生就在这样的环境里成长。

除了在古史研究方面成绩斐然、致力于苏州文化的非物质遗产研究外,顾颉刚先生还在20世纪50年代积极投身于苏州历史名城的保护实践。作为著名的历史学家和深谙地方知识的文化精英,顾颉刚曾应邀担任苏州市政建设委员会委员。通过调查研究和对家乡的热爱,他撰写了《苏州市文化建设计划书》。在这份提案中,他论述了苏州城市的历史渊源,阐述了保护名胜古迹、园林修缮和利用的重要性,并提出了对苏州未来的考古任务和苏州城市古迹保护的设想。顾颉刚对苏州的文化价值有着深刻的理解,对苏州古城有着深切的关怀。自1950年起,他通过担任苏州市文物保护管理委员会顾问,对园林古迹、水道、寺庙、城墙等历史文物的保护提出了详细的建议。[3]

理解与认识顾颉刚先生对苏州文物保护的贡献,以及他长期以来对苏州地方历史文化的研究,都离不开他的故居——顾家花园。因此,我们提出了一个文化项目——"顾颉刚学者驻留项目",通过对顾大师故居的保护和学术性使用,来纪念和继承顾颉刚先生的学脉,并以此项目作为苏州在文化引领下的城市更新的一个契机。

开口

玻璃砖幕墙

开口

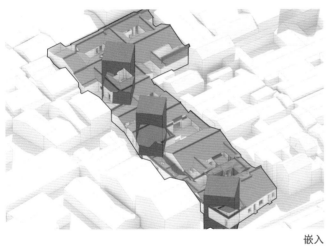

嵌入

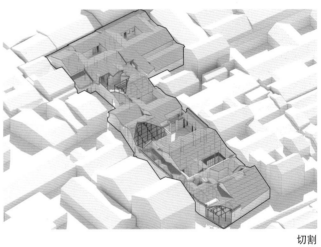

切割

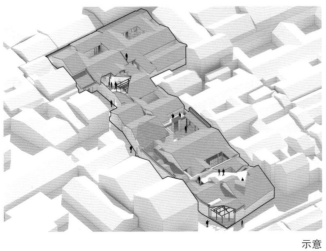

示意

屋顶鸟瞰

这个项目拟在全球范围内与文化机构设立联合基金，征集苏州文化相关的研究项目，邀请当代著名学者，在其修缮后的院宅内开展公开讲座和研究。依托顾氏藏书及相关档案，受邀或受资助的研究者可作为驻地学者，在一定时间内（如3个月或6个月）进行驻地研究。研究的主题可与苏州历史保护相关，研究成果将以讲座或出版物的形式向公众传达，并在苏州举办相关研究展览。通过这一举措，顾颉刚故居的核心价值已经超越了物质性的庭院建筑本身——他对苏州的深爱和对苏州研究的学术贡献将会被后辈所继承，并绵延到未来的学者身上，进而促进苏州文化乃至江南文化的复兴。

除了这个引入计划，我们的设计方法更多的是通过我们对顾颉刚先生学者、史学家和主编多种身份研究的诠释。顾颉刚先生是理性看待历史的代表，在中国史学的发展中扮演了重要的角色，并因其孜孜以求的对中国文化认同的现代追索而被人们所铭记。我们的设计来源于对顾颉刚先生研究取向的解读和诠释，而这种反思也为我们提供了形象的设计语言。

我们从顾颉刚先生生活和工作的记录中得到了很多经验和启发。在他关注诸多的问题中，现代性问题始终贯穿。如何才能在不失本真的前提下实现现代化？顾颉刚先生认为，中国学者的作用至关重要，他强调历史是一种知识性的努力，它在追求真理的过程中不断进化。这种演进可以使人们从现代的角度理解中国传统，反过来又可以使人们从中国的角度说明现代性，从而产生现代中国的认同感。这是顾颉刚先生对我们的启发——为了更好地理解历史和我们自己，我们必须用智慧参与过去，从新的角度分析和审视它。这样，不仅能

顾颉刚博物馆

顾颉刚博物馆

丰富我们对过去的理解，还能为我们的现在找到答案，为我们的未来找到方向。这就是指导我们的设计理念的课程：我们的对传统概念的看法如何以现代的方式来体验，同时保留了这个地方的本质或"场所精神"，将历史理解为现在和活着的东西。

为了做到这一点，我们决定对中国传统建筑中最典型的元素之一——庭院进行现代的诠释。我们在旧有的建筑类型中插入了新的院落类型。这些新的庭院将不会遵循现有庭院的传统南北方向。取而代之，它们被旋转了45度角，并将以一种新的方式放置在建筑中。这些新的庭院不会取代或提供现有的庭院已有的功能。相反，它们会与现有的庭院相互影响，相得益彰。通过改变传统的空间方向，我们可以提供一个新的角度来体验传统的庭院，创造一个重新发现它们的机会，重新审视，增加一个新的视角来参与它们当中的独特空间。如此改造的博物馆就成了学者对待历史的体现，并保持了对其文化遗产的持续表达。

"你把建筑切出一个孔洞，让人们可以往里看，看到其他人真正的生活方式：这正是由非建造而创造空间。"

——戈登·马塔·克拉克（Gordon Matta-Clark）

我们的方案旨在从第一和第三视角诠释"活的历史"这一概念，并对顾颉刚先生的生活和工作汲取养分，进行重新发现和解读。构思生成这些新庭院的具体方法是"编辑"（这也是与顾颉刚先生曾经作为史学刊物编辑身份相对应的一种建筑手法）——通过切割、修复或改造，来澄清和揭示已有的东西——即我们用减法而不是加法的方式来创造。我们的方法既是建构，也是解构——每一个院落的切口不仅提供了宝贵的空间，也提供了对苏州传统四合院住宅的物质结构和模式新的洞察。我们的设计利用这种对历史环境的合理而精确的编辑方式，达到一种"理解"的过程，同时也提供了新的视角。

"历史是过去的见证，是真理的光芒，是活的记忆，是生活的导师，是古代的使者"（西塞罗）。众所周知，顾颉刚先生对苏州的传统和文化非常自豪。他把苏州看作一部"活的历史"，因此我们也试图为宣扬这种历史是活的，是一个延续的过程的理念，作出一些贡献。

为了延续这种新视角的理念，我们的"观史"是有方法的，而"建构历史"也是有方法的——分为诸如"字面意义的""解释意义上的""再现的"。当代建筑保护也面临着这样的哲学问题——是恢复还是保存？是适应还是重建？诸如此类。我们的项目对这些阅读历史的多重视角与相应的建筑保护方法之间的交互多有探讨，

项目总模型

顾颉刚博物馆人行庭院

通往顾颉刚博物馆入口的小巷

顾颉刚博物馆档案阅览室

家庭居住

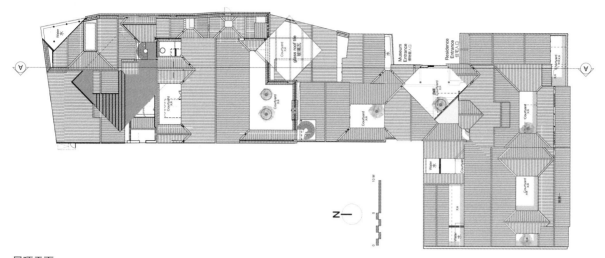

屋顶平面

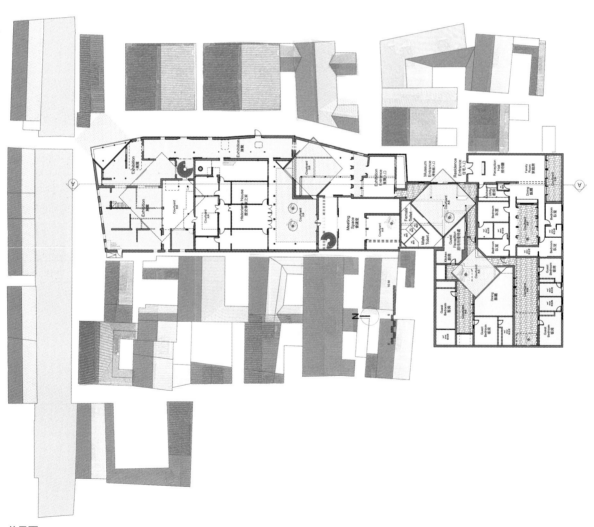

总平面

因此我们开发了三个不同的建筑干预，分别适用于相关项目的三个领域：①顾先生的"家"（居住空间）被保存和恢复到他那个时代的原始状态，使之成为一个尊重真实历史的"字面"还原，即一个"生活博物馆"居住区（在管理的基础上向公众开放）；②通过"解释"的方式改建的家庭住宅，作为对历史乡土的重新演绎，既尊重苏州合院住宅的建筑传统，又进行了改造，以适应现代生活的需要；③以顾颉刚先生"建构"和"再现"的史学观为基础的新博物馆，利用当代的空间作为叙事，旨在讲述顾颉刚先生的故事，并将他的学术成果展示给感兴趣的来访公众。

顾颉刚先生生活情景重现

顾家花园4号和7号的基地位于平江历史文化街区的核心保护区域。我们的设计保留了建筑立面，以最小的改动，保留并填充以现有的玻璃砖开口——创造出柔和的白色灯光的晚间光效，照亮了小巷，并巧妙地暗示了博物馆内部的活动。我们以消减去的角落来显现一个新的空间，以人工水面反射出这一新塑造的空间，从反思性视角来呈现传统苏州的建筑。新嵌入的玻璃砖弥散着特有的光晕，塑造了这条富有情趣的窄巷将参观者引向小巷，来到一个朴素的院落入口。在入口之后，一系列相连的庭院既提供给顾氏后人以居住空间，又是对苏州传统院落乡土性修复的一种"诠释"。

作为新博物馆的一种体验，人们会在新旧院落中穿行，并在上层走道提供观看顾颉刚先生故居的另一个视角。通过这样的流线设计，我们得以将顾颉刚故居作为改造的住宅和生活博物馆主体部分相互交织，使之与"顾颉刚学者驻馆项目"相协同。日间来访游客可以从近处、高处观察顾家花园，也可以向外观看苏州古城中壮美的连绵的屋顶景观。

项目总模型

建筑常是不断进行物质层面的新创造，但建筑也可以是一面镜子（用以反思）或一个框架（用以构建）来反映、放大或再现已经存在之物。正是在这种精神下，我们的设计以高透明的玻璃砖介入，作为新的外墙材料。这种玻璃砖的外观与古老苏州砖文化相一致，它既是非物质的存在，又以传统的形制为基础。我们的庭院的设计缘起是一种减法，而正因为这种减法，新的意义得以显现，可以被我们认识和研究——通过我们的项目设计，人们被邀请去看和思索，就像顾颉刚先生所做的那样，去看他所看到的。

顾颉刚学者在住宅项目中（庭院）

尾声

孔子有云：温故而知新，可以为师矣。

国际古迹遗址理事会（ICOMOS）对建筑遗产的定义是：建筑物或废墟，不论是单个或一组建筑，其原有的情感、文化、物理、非物质、技术或历史的价值，随着岁月的流逝而增加。

反思是一种认识方法，在研究、设计实践、历史文献和生活中处处可见。我们通过这次苏州古城设计工作营的工作，试图以此为契机重新审视建筑的表达和空间的品质是如何塑造与增加苏州深邃的历史和丰富的建筑遗产的。尊重建筑肌理，注入人们对影响深远的往昔的记忆，同时以发展的眼光来看待未来，而这正是现实之所在。顾家花园可以成为体验中国历史的重要场所，无论是对苏州当地还是全国范围的来客而言，我们的项目都提供了一个创新的设计方案，重新诠释、激发和增强这种潜力——通过"顾颉刚学者驻馆项目"（我们认为顾颉刚先生会为这个想法感到欣慰），我们博物馆的参观者不仅是一个被动的观察者，而且可以互动并参与到持续的历史研究和重述过程中。

正是由于这些情感文化的非物质性必须与技术、实物和历史仔细平衡，这样综合性的考虑才可得到对建筑遗产及其环境保护所要求的积极而细腻的回应。

本次工作营是一次反思性实践，我们很荣幸能够受邀参与其中。每一个项目都是对下一个项目的引领——正如每一个项目都在帮助我们反思苏州这座伟大的历史名城如何拥抱它的过去，并展望它的未来。我们希望西交利物浦大学设计研究中心能以国际化的参与方式，为关于苏州古城过去、现在和未来的持续发展提供一个新的思路。

注释

[1] Rodney Harrison. Heritage: Critical Approches[M]. Routledge, 2012.

[2] 王富仁. 鲁迅与顾颉刚 [M]. 北京：商务印书馆，2018.

[3] 顾颉刚，《苏州市文化建设计划书》，1952.

专家点评

该方案创新地在历史街区中运用了"剖切"的手法，通过中西、新旧的冲突，以全新角度来诠释和体验传统空间。此外，方案把居住区域置换到了南边，以保证居住空间的安静和展览区域的完整，同时也完美地解决了民居和展览这两个功能在设计上会互相干扰这一矛盾问题。

归壹

设计单位：

　　　天作建筑研究院

主要成员：

张伶伶　教授
张　帆　副教授
李　强　博士
黄　勇　教授

项目基地位于苏州平江历史街区的核心区位，东侧是自南宋以来即为步行主街的"平江路"，西侧是作为世界文化遗产的古典园林"耦园"，需要改造的大新桥巷三宅（25—27号）正是连接两者的重要节点。在历经多年划分、侵占和违建后，原本三户的宅院中居住了二十多户家庭。为了保证各住户的日常使用和隐私，宅院整体呈现为对外封闭的格局，内部划分为相互割裂的空间，庭院和天井被侵占后形成混乱的空间秩序。仅百米外的平江路繁华热闹，而大新桥巷则成为消极的通过性空间。

归市

大新桥巷三宅需要按照总体规划被改造为经营性的民宿酒店，但作为历史街区中的城市更新项目，除了满足自身的空间需求，更应被视为激活城市空间的契机。通过总体格局的分析还原空间的整体性，在和历史对话的同时向城市开放，让封闭的内向空间重新回归烟火气的市井生活中。

将面向大新桥巷的封闭立面打开，营造吸引人气

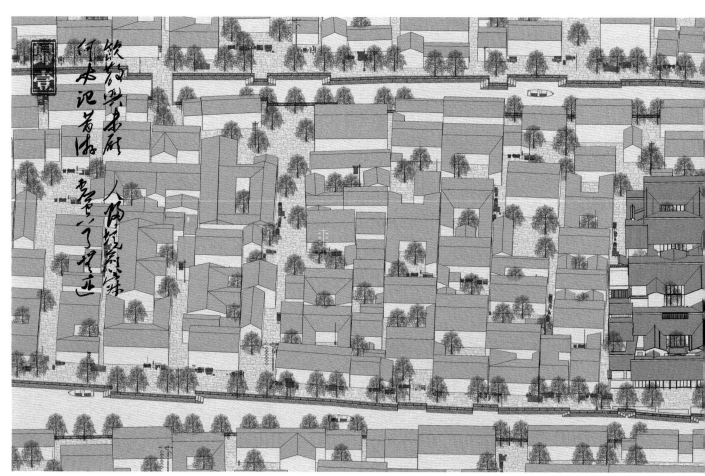

区域城市肌理

的创意市集，在民宿与河道间设置临水的聚集场所，形成水陆并行、河街相邻的水巷格局；沿南北方向将内部空间向外开放，形成庭园深深的传统意向和起承转合的丰富体验；保留了原有的墙体，在结构修缮的基础上保持了具有历史感的表面状态，和新植入的墙体形成质感的对比，保持了建筑历史的可读性。

归城

去除违建于庭院和天井中的建筑，回溯、还原历史中的建筑格局，使大新桥巷三宅的空间重新回归到整个城市的肌理脉络之中。将三个宅院视为统一的整体，形成"三厅三堂""三廊五巷"和"九院十八井"的空间模式，既再现了历史上空间的基本格局，又紧密地将三户分散的宅院联系在一起。

"三厅三堂"构成了建筑群组的内部公共空间结构，其中"三厅"是横向交通的集散组织空间，从入口进入后作为三组宅院的厅堂，成为整个群组建筑的开放核心；"三廊五巷"构成了网状的内部交通结构，将各自独立的三宅编织成一个整体；"九院十八井"是高密

度的居住空间中与自然交互的有机结构，使建筑和自然互为图底，为拓扑深度较大的空间引入采光和通风。

归民

大新桥巷三宅的改造不但通过开放的格局融入市井生活与城市肌理，也要通过功能的合理布局吸引不同阶层和不同需求的人群，避免城市更新中士绅化的倾向。

通过梳理分析原有的宅院格局，可以发现民宿中户具有清晰的空间序列，建筑内部空间较为宽敞；民宿西厢空间比较自由，庭院和天井的布局也较为散落；民宿东厢布局比较规整，中正的格局里蕴含着变化。根据不同的空间本体特点，将中户定位为多功能的开放服务空间，形成展览观演、餐饮宴会、会议发布等多元的使用场景；西厢定位为面向普通游客的雅居微院，体验传统栖居的精神内涵；东厢定位为面向青年聚会的望景高阁和面向家庭游客的家庭套院。形成内向私密不受干扰的静谧聚居。

古城特色的生态水巷

融于市井的入口空间

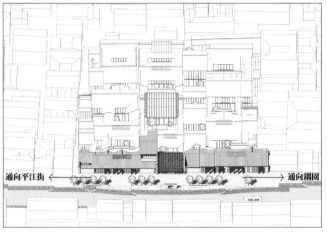

水巷市集

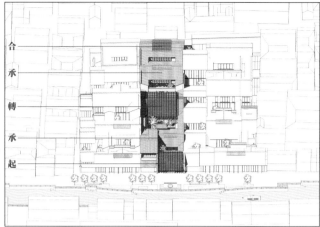

起承转合

新旧映射

牌楼重现

熙来攘往的水巷市集

怀德堂昆曲评弹演艺空间

怀德堂

其美厅

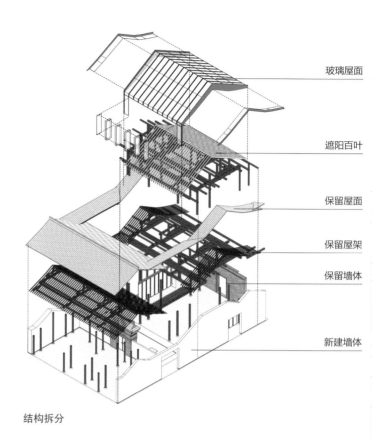

玻璃屋面

遮阳百叶

保留屋面

保留屋架

保留墙体

新建墙体

结构拆分

厅堂——T型的公共空间结构　　　廊巷——网状的便捷交通结构　　　院井——有机的自然交互结构

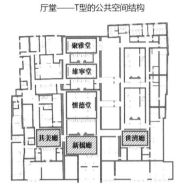

三厅三堂

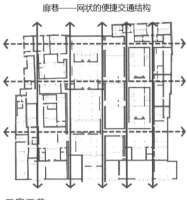

三廊五巷

九院十八井

维宁堂

通往家庭套房的巷道

城市中厅与民宿东巷的廊道

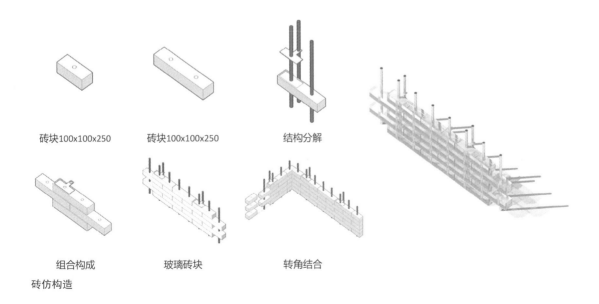

砖块100x100x250　　　砖块100x100x250　　　结构分解

组合构成　　　玻璃砖块　　　转角结合

砖仿构造

怀德堂的水院

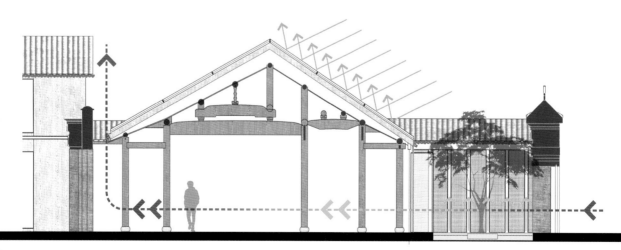

院井通风

雅居套院

家庭套居

一层平面

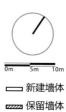

0m   5m   10m

☐ 新建墙体

▨ 保留墙体

二层平面

透过栅格木门的复原牌楼

精致微院

家庭套居

望景高阁

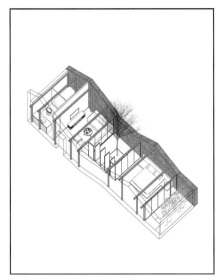

雅居套院

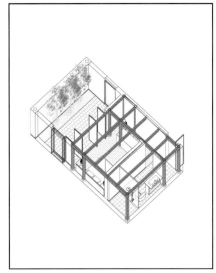

精致微院

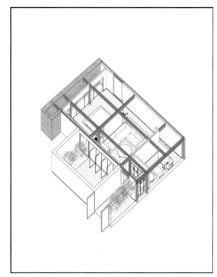

雅居套院

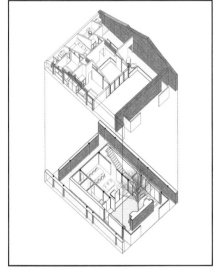

三世同堂

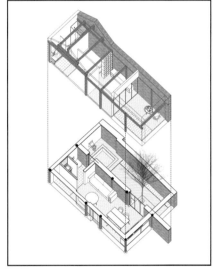

家庭套居

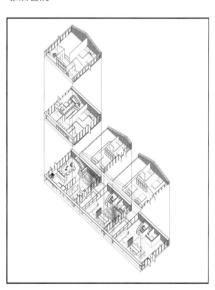

望景高阁

望景高阁

民宿西厢——空间自由

城市中堂——序列清晰

民宿东厢——布局规整

整体轴测图

维宁堂的天井

民宿西厢

城市中堂

民宿东厢

景隔

专家点评

　　该方案的核心理念是"三归"——归市、归城、归民，最后落点都归到苏州的情景，而苏州的情景是讲品位和讲文化。方案对于类型空间和街巷进行了重新整合，将杂乱的历史遗存梳理成为完整的空间序列和组合，使其可欣赏、能品读，并融入市井生活和城市肌理。同时方案实现了"再造"，对应西方语境的"re-creation"，使得传统建筑融入了这个时代，获得了新的发展。

积极保护，有限介入

设计单位：
　　杭州中联筑境建筑设计有限公司

主要成员：
王幼芬　筑境设计总建筑师、东南大学建筑设计与理论
　　　　研究中心教授
骆晓怡　筑境设计建筑师
岳　凯　筑境设计建筑师
金雨泽　东南大学建筑设计与理论研究中心硕士研究生

　　苏州大新桥巷 25、26、27 号住宅位于苏州古城历史街区核心保护区，由三落并置相邻、具有江南典型的传统民居型制的住宅群落组成。本次更新创意试图在对民居的型制、空间及结构形式保护的基础上，通过新功能、新形式的有限介入，最大限度地激活整组群落，让当代生活得以在此延续，让古城民居宅院在更新中得到真正的保护。

整体鸟瞰

舒朗宜人的庭院景观

通透开放的正厅空间

项目概况

地块位于苏州市姑苏区大新桥巷，西出平江路，东接仓街和耦园，是苏州现存最典型、最完整的古城历史文化保护区。

平江路历史街区是苏州现存最典型、最完整的古城历史文化保护区。大新桥巷是平江历史街区13条著名巷子之一，地块包括大新桥巷25、26、27三组传统住宅，均是1、2层砖木结构为主的典型的苏州清代传统民居，属于控制性保护建筑群落。由于历史原因，后期迁入几十户人家，改扩建严重，环境拥挤，居住品质很低。

本次设计要求在保护大新桥巷建筑群落的基础上，更新设计为特色精品酒店。

设计内容

（1）保护原则

依循苏州传统居住建筑的特点，保护其历史文化信息，即建筑的型制、空间、样貌及结构形式，同时以更新的态度积极保护，而非留于现状的消极保护。

（2）更新原则

以激活地块及传统老宅空间活力为目标，以苏州传统宅院的基本格局为基础，通过有限介入，最大限度地提升地块的生命力，让当代生活得以在此延续，让传统宅院真正得到良好的保护与利用。

（3）更新策略

有限介入，以"虚空"最大限度地激活场地，通过虚空的引入、整体的连接、多维的融入、场所感的呈现四个部分进行了具体的设计展开。

①虚空的引入：首先，拆除破坏原有建筑型制及空间的后期搭建部分，恢复被遮蔽的院落及空间；其次，以"虚空"激活场地的中部空间，带动周边建筑群落，拆除和改建中部附房，释放部分中部公共空间；最后，建立以院落和中部开放空间相结合的"虚空"的格局。

②整体的连接：建立中部公共空间与两侧客房单元相结合的布局形式，该布局形式在适应未来使用方式的多种变化可能的同时，也使中部公共区域连接了南北街巷空间，激活了周边街巷空间。

③多维的融入：首先，在中部开放空间融入江南园林，营造既开放又层次丰富的可游、可观、可静享、可交往的活动场所；其次，消解中部正厅东侧原备弄的墙体，将其面向中部开放空间（庭院）打开，充分

呈现其典型苏州民居结构及空间特点，也使正厅空间与庭院空间相互交融；再次，融入差异性的功能布置，营造具有传统宅院特点及家园感的旅居生活场所，使一层客房享有独立庭院，二层客房则围绕庭院紧凑布置，这样既呈现原有老宅的庭院、檐廊、门楼、天井，同时又融入当代的生活方式；最后，结合街巷融入若干商业功能，激活沿河及巷弄空间活力，呈现既具有历史感又贴合当代使用的建筑场所。

围绕院落的生活空间

步移景异的丰富体验

围绕院落的生活空间

通透开放的正厅空间

宁静雅致的入口庭院

层次丰富的前院空间

洒满阳光的中部庭院

洒满阳光的中部庭院

融入老街的入口空间

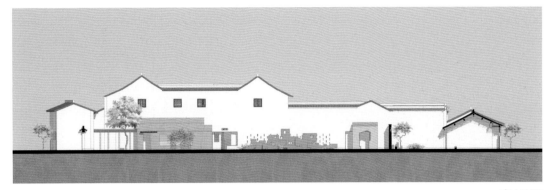

东立面图

西立面图

26 号剖面图

25 号剖面图

一层平面图

二层平面图

中部开放空间融入江南

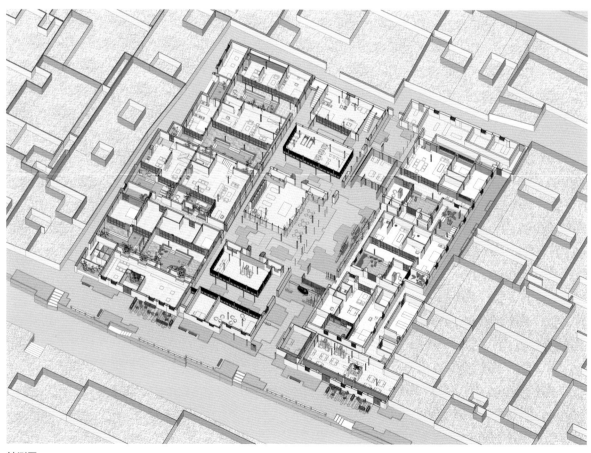

轴测图

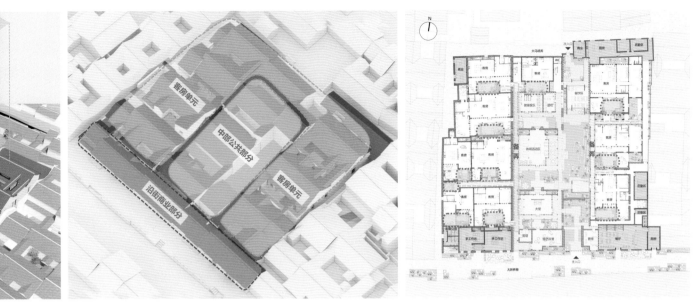

中部公共空间与两侧客房单元相结合的布局形式   融入以院落为核心的旅居生活

专家点评

  该方案最大的特点是在创新性地梳理、保留和利用原本建筑的形式和空间的同时，置入江南园林串联中部的公共空间，以体现苏州的特色。该设计策略形成一个活力点，不仅带动了本街坊，而且带动了整个区域。方案有意识地打造园林空间，在增加古城稀缺的开放性公共空间的同时，营造了层次丰富的交流活动场所。

  同时，方案非常成熟，很好地兼顾了其他功能，并对空间进行了重新梳理，营造大气沉稳的氛围。纵向的公共空间和横向的居住空间之间的联系也交待得很清楚，沿河和巷弄空间的打造让历史和现代相互交融。

偶·缘

设计单位：
苏州科技大学建筑与城市规划学院

主要成员：
周　曦　　副教授，一级注册建筑师
张昊雁　　讲师
高小宇　　讲师
申　青　　讲师

作为一名具有原住民身份的设计师，世代生活在距大新桥巷不远的大廊桥巷（今建新巷），面对基地的感情是复杂的。儿时听闻的许多故事都围绕这些深宅大院展开，它如同舞台背景般存在，冷眼注视前幕上演着的一出出人间悲喜。以至于当我们走进基地，这些记忆突然和空间发生了共鸣，原本模糊的形象立刻鲜活起来。然而，回忆是温情的，关于房子的印象却并不积极，采光不好、潮湿、空间局促等。这无关乎老宅本身，而是关于传统居住和现代生活的巨大差距和不匹配，需要智慧和想象力为它赋予新生。

鸟瞰图

一层平面图

认知理序

（1）基地

大新桥巷25、26、27号为典型院落式苏州民居，位于平江历史文化街区核心保护区内、仓街和大新桥巷交叉口西侧，南临新桥河，东距世界文化遗产耦园和古城护城河200米左右，西接平江路，周边历史文化资源极其丰富。所在片区人口老龄化问题突出，超过苏州平均水平。但基地东南缘新开发的高端别墅区和商业地产也标志着新兴人群的崛起，带来对多样化空间的需求。周围散布有大型停车场、游船码头、公共厕所、世界文化遗产等城市公共活动片段。

（2）原型

设计范围建筑面积3331.1平方米，占地面积2908.5平方米。院落格局基本保存完好，但建筑内部改扩建严重，侵占院落以及改变建筑内部空间划分。通过实地踏勘天井院落的分布，结合分析屋顶大小、方向、交接判断下覆空间的等级关系，可知大新桥巷25号为四进主轴带偏厅传统院落住宅，纵向序列为"凸"字形穿堂门屋→三开间右夹厢（三合院）→三开间右夹厢楼厅→四合院楼厅；26号为四进院落带辅路格局，纵向序列为门屋→轿厅（三开间左右夹厢）→大厅→R型院楼厅；27号为四进带辅房传统院落，由前半部四合院（已有民宿）与后半部R形院楼厅组成。

设计原则

作为文物登录点以及平江历史文化街区风貌的组成部分，大新桥巷 25、26、27 号更新设计首先遵循上位规划及相关要求，以复原性修复为首要任务，维持现状高度、结构体系、空间序列、立面风貌、装饰装修等，也包括周边树木、水系埠头、附属设施（公共厕所）、开敞空间、围墙及铺地等环境要素。以保证真实性，完整地延续江南传统老宅门楼、备弄、楼厅和天井等建筑特色、宅院文化与水乡文化。

同时，基于苏州传统民居的空间特点与基地环境的区位禀赋，进行适配度较高的业态定位和功能分区，尽可能延续原有功能，坚持最小干预原则。为解决传统居住空间与现代公共生活的矛盾，在尊重木构架建造逻辑、不影响历史价值、不改变识别性的前提下，以可逆方式进行隔墙拆除、楼梯增设与天井覆顶等空间调整。

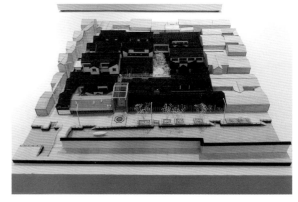

模型透视

概念生成

一方面是深度老龄化的社区人口、亟待提升的空间品质，另一方面是新兴人群（新住民与访客）的崛起与多元化空间的需求；一方面是平均间隔 200 米的各类酒店、精品民宿、青年旅社、观光酒店，另一方面是密布老城区的公厕网络。因此，打造"功能复合体"成为整合社区需求、微创介入现状、在有限空间营造更积极社会关系的最优方案——将其打造成具备一定社区功能、提供苏式日常生活沉浸体验的特色型酒店。使其既是社区居民的公共社交场所，也是外地旅客、本地潮人的网红打卡地。

基地鸟瞰

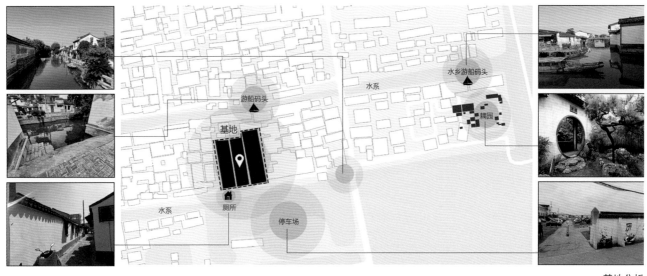

基地分析

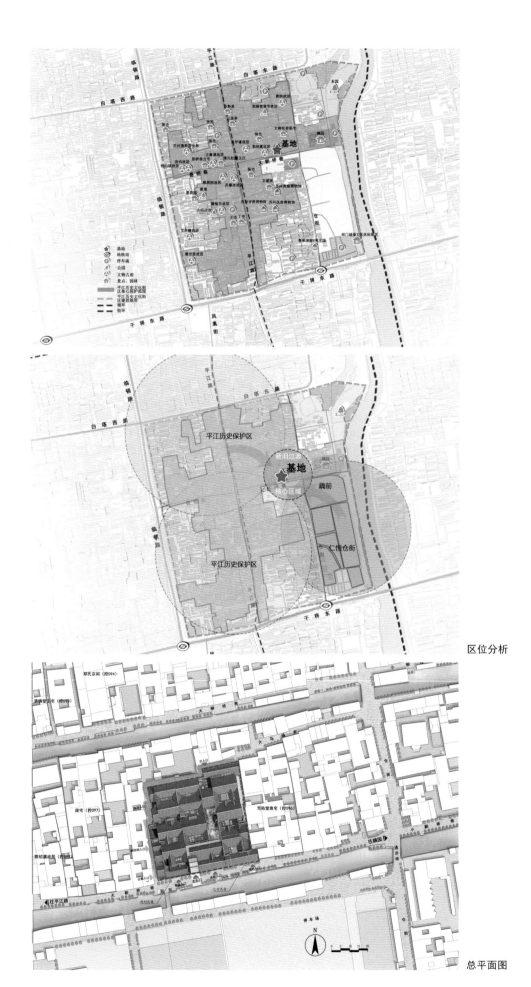

区位分析

总平面图

更新策略

至此，更新设计的本质逐渐清晰——如何将"传统家屋"转变为"现代公寓"，其中主体功能（居住）的延续是更新得以成立的前提，也是最小干预原则的体现。而转变集中在两个方面：私有→公共、传统→现代。于是，与之对应的具体途径确定为：①提升居住品质，争取最优的采光与景观，根据现代生活特点调整房屋开间、进深；②增强公共性，对外部提升更新后的建筑对城市的服务性，对内部提高公共功能/空间的占比与分布；③平衡效率，作为经营类建筑，在追求品质提升的同时，兼顾流线合理与使用高效。

（1）策略1：激活滨河空间及周边街巷空间活力

①模糊边界，激活滨河。将茶室、酒吧、咖啡厅等可对外服务的公共功能"面"河布置，并配合以连续苏式长窗进一步消解基地与城市的边界。同时利用新桥河对岸的连续实墙以及大新桥巷的"河街"形态，在两层高的主入口处高位设计投影设备，为舒爽时节的沿河与屋顶看台增加观影事件。

②"拆""补"有道，回赠社区。将原新桥河沿岸的公共卫生间置换至建筑西南角，一方面获得连续的滨河景观面，另一方面仍延续基地的社区服务功能。区服务功能。并在25号西侧纵向院落院墙开凿漏窗，丰富大马场弄的行进空间体验。

③"南""北"联动，整合织网。通过临河架桥、摆渡电瓶车联系隔河相望的仓街公共停车场，弥补停车不足的短板。基地北出设入口，与既有游船码头、水上巴士以及耦园获得联系，希望东侧200米远的耦园世界文化遗产成为入住客人的首站观光地。

（2）策略2：忠于历史，功能分区

延续原有空间的公共性和私密性，将门屋、大厅、轿厅设计为总台大厅、茶室、多媒体室、戏台、天井酒吧等公共空间，楼厅延续为客房组团。以东西避弄为骨干，中路戏台大厅为核心，并联4个居住组团和面街公共功能，保持合院空间的完整，拒绝流线穿越与重构。

（3）策略3：平衡舒适与效率

部分拆除26号东侧隙地的非典型住宅，背靠27号西侧连续山墙堆假山置半亭，通过植入傍宅园再现完整的传统苏式居住格局。隙园面向戏台大厅敞开，有利于中央公共区域空间感的扩大和景观品质提升。

传统苏州民居开间较小，通常在2.5-3.3米不等，且遵守庶民房屋三开间的礼制。根据改造建筑开间现状，配比有1开间、1.5开间、3开间、4开间、5开间多种房型，适合多类人群需求。其中，大开间客房位于底层，可进拥一院枯荣；小开间客房布置在二楼，可退揽瓦山清幽。

精简楼梯，通过花厅、连廊将二层4个居住区域贯通，形成连续的服务交通流线。选择隙园和边院设置景观电梯与货梯各1部，提高垂直交通效率。

（4）策略4：时空叠置，空中步道

为了进一步增加社区居民和游客的偶遇，设计了由屋顶平台、屋顶步道、屋顶看台构成的空中系统，组织起隙园-总台大厅-屋顶看台-大新桥巷的第二路径，交织成瓦山上"看"与"被看"的奇妙世界，而该路径走向也避免了对客房部分的视线干扰。

隙园

戏台大厅

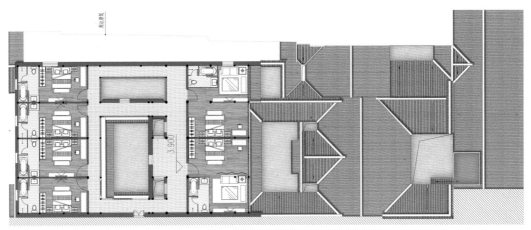

27 号建筑二层平面

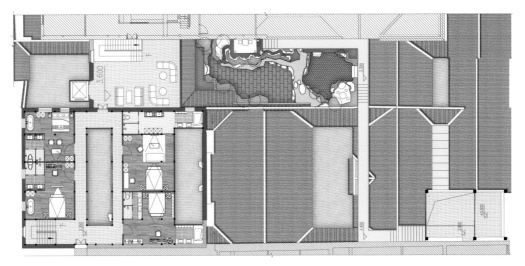

26 号建筑二层平面

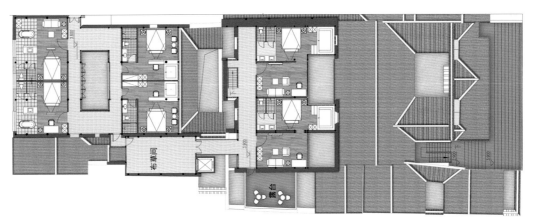

25 号建筑二层平面

总台大厅

天井酒吧

1开间 （5间）	1.5开间 （8间）	2开间 （11间）		3开间 （3间）	4开间 （2间）

户型配比

大马场弄立面

滨河空间透视

沿河立面

专家点评

　　方案设计积极回应当地居民的需求，注重社会交往环境的营造，令方案的生成具备了社会基础。方案以微创介入现状和在有限空间营造的方式，在保留和改造之间取得了平衡，最大限度地尊重原有建筑，对原有结构体系充分利用。同时，方案通过功能布局，"拆"和"补"，模糊边界，并打开滨河开放空间。此外，方案对遗存进行了大量的梳理，营造了舒适而有效率的合院空间。

古城微更新的苏州思考

为记忆留存空间

2019 年春，有幸两次赴苏州参加中国建筑学会和苏州市政府组织的"苏州古城复兴建筑设计工作营"，对苏州平江核心保护区内的两座古宅——孝友堂张宅（1482.05 平方米）和横巷 11 号（712.5 平方米）的保护性修缮、建筑设计方案进行评审。由于本人长期生活在北方，参评"上有天堂，下有苏杭"的圣地建筑，绝对是一次很好的学习机会。按组织方对建筑设计的基本要求，理顺评价、评审的基本思路如下：

第一，合理定位使用功能。据了解，这里的居民生活品质低于苏州市的平均生活水平，居民多是"三老"，即老人、老吴言、老旧建筑，急需改善生活品质。为此要活化生机，不能再走拆建、仿建的老路，回归人本，回归日常，古城复苏。所以归纳起来，定位使用功能就是将古宅变成社区的居民活动空间，具体的可能是吴音戏台、体验工坊、手工展示、集市聚会、琴棋书画等。但本质上，功能定位应该是"社区公共活动场所"，这是刚性的基本功能，适度的考虑外来的需求，不能本末倒置、喧宾夺主。

第二，建筑形态要保证与古城风貌和肌理协调一致，这在《苏州平江地区文化保护规划》中有明确规定。按文物部门要求进行修缮，这是硬性规定，古宅建筑不得拆除，建筑尺度布局均不可改变。

第三，保护有价值的历史元素，其中最重要的历史元素就是建筑风貌和建筑尺度。苏州老民居的布局，还有黛瓦白墙、精致的木结构、木雕花窗、砖花、卵石铺地等，这些都是必须珍惜的。

第四，鼓励创新性传承。这点也是最难的，又是建筑方案见高低的关键点。在众多建筑设计方案中，有两个极端：一是只解决重新装修，只是整旧如新，没有引入新功能；另一个是过度的现代感，即大量新建筑材料的应用和展示，及超前的现代建筑设计手法的插入，大有"情不自禁要现代，无可奈何有传统"的被动心理，创新和继承在平江地段的"度"的把握是决定方案优劣的关键因素。

根据以上原则，总结建筑设计工作营众多建筑方案的经验有很多，不再赘述。只说本人感触最深的，用八个字概括就是以"有机更新，有限介入"为要点。有机更新就是区别"拆一建多、退二进三"，告别拆建、仿建。城市更新要讲有机，单个建筑更新也要讲有机——

建筑空间场所要体现浓郁的历史记忆和信息，同时创造有活力的社区公共空间。"传统的情调，现代的生活"中，市井生活、柴米油盐不可少。最近仙逝的朱自煊教授提出的活态保护的原则，更是明确指出古城改造必须关注原住民的利益和需求，提高他们的生活品质，保护其人文生态，这是最重要的目标。他们是古城历史故事的保有者和权威展示者，传统的生活气息、独特的文化或将削弱或消失。规划和建筑工作者，要自觉地、诚心诚意地关注、整理、顺应现住居民的市井生活，让人间烟火跟上时代。如此创新和继承就有了主心骨，工作营许多优秀方案也是这么做的。"有限介入"亦是设计者关于古建筑保护性更新的一个很得体的提法。现代的生活就会出现现代的形态，如"亮瓦""灰空间""现代叠石""小平台"等，其介入的关键首先是如何融入，那就是牢牢地把握传统形态。融入不是"为了创新而创新"，也"不会为了作秀"，更不是"为了张扬时代感"，而只是为了功能而在传统形态中巧妙地补充。合而不同是方向，融合是结果。另外，动线、人流走向是封闭住宅改为公共空间的骨架，亦是关键之一。再者，保护性修复并非文物复原，介入是充分尊重原始状态下对未来的升级完善，又是未来回头望时的叠加原真。

敬祝：为记忆留存空间，姑苏古宅在活化中焕新颜！

全国工程勘察设计大师
北京市建筑设计研究院顾问总建筑师
刘 力

探索之路永无止境

"历史文化名城"是人类历史文化中的瑰宝，是国家、地区、民族重要的历史文化见证。无论中外，都特别重视对"历史文化名城"的保护，其影响力也与日俱增。历经漫长岁月、风雨沧桑，各历史文化名城的保护与局部更新是大课题，需要持续不懈、长期努力。

中国政府1982年开始评选"历史文化名城"。苏州作为享誉世界的中国江南城市是第一批获评城市。延续二千余年的白墙黛瓦、傍河小巷的苏州古城和精致典雅的苏州园林具有独特魅力，深深的历史印记留存至今，是不可再生的历史文化遗产。苏州古城从历史中走来，经保护更新，它将可持续地走向未来。

经各方多年努力，苏州古城已是国家历史文化名城的保护示范区。

当前，随着经济和城市建设的快速发展，苏州古城周边环境日新月异，古城内居民生活条件日渐降低，亟待复兴街区，提升生活品质，这是新时代的要求，也是众人期盼。

2019~2020年，中国建筑学会与苏州市人民政府合作，举办了两期"古城保护建筑设计工作营"，选择古城核心区平江路街区内四处传统苏州民居作研究性保护利用方案设计，对古城保护、提升品质的微更新进行探索、示范。

这体现出苏州市政府力求在执行《苏州平江历史文化街区保护规划》的前提下，谨慎有序、可持续地进行古城保护与社区复兴的决心与担当，也体现出中国建筑学会积极推动高质量的古城保护与微更新，发挥学术组织集思广益、凝聚智慧的特色，组织成员单位参与方案设计及专家评议，提升学术探讨质量。

两次工作营期间，这些位置重要而规模较小的项目设计方案征集得到了广泛响应，各设计单位深入调研、创意特色、努力探索，主要设计成果在中国建筑学会的年会上进行展示，得到好评。我有幸参与了这两次工作营的专家评议，很受教益，对上述各方之努力，深感佩服。

这两期工作营中的四处苏式民居位于平江路街区不同地点：2019年第一期为横巷11号／建新巷30号（孝友堂张宅）；2020年第二期为悬桥巷顾家花园（苏州市文保单位）／大新桥巷25~27号（控保单位）。四处民宅的历史沿革、保护等级不同，现状陈旧破损和搭建情况各有差异，基地形状与建筑面积也相差不少。其中最小者为横巷11号，建筑面积712.5平方米，最大者为大新桥巷25-27号，建筑面积3331平方米。

这些居民基地和规模虽小，保护更新设计却有相当难度。苏州工作营的意义在于对古城内小单元保护更新的理念、思想、方法、技术作有益探索。既传承古城历史文化，保护古城风貌、建筑特色及价值所在；又在保护的前提下，作"微更新"，以有限干预方式注入新理念、新材料，创造新的公共空间，激活街区、服务公众，可谓大有乾坤。

两期工作营四个项目的保护更新设计入围方案都各有特色，基本体现了下列设计原则：

第一，尊重历史，尊重古城城市、街区肌理。调查街区环境与建筑本体的历史沿革，评价建筑、空间、装饰及人文历史等特色价值，注重保护风貌特征。

第二，注重保护、修缮、复原典型苏式民宅的建筑空间、木结构体系、自身叠合的历史信息等所有有价值的重要特征，保护为先，合理利用。

第三，根据保护的不同等级，在具有可能性的部位，以不同干预度注入新功能——创造性地将民宅转化为新的社区开放共享空间，巧妙应用新技术提升社区品质，方便多样、灵活地为社区居民和游客服务，并组织相应的新的流线。

古城保护建筑设计的难点在于保护前提下的创新，每一处的保护更新都是量身定制的，新功能也各有千秋，这里的创新有限定条件——得体的有限介入。而设计创意与手法还是多样的，有的方案利用沿街面、临水面、天井或庭院创造新的公共空间；有的探索巧妙应用新材料、新构件作有苏州特色的新立面构成；或拓展天井、连廊等空间的部分界面；有的创作新对景、新命名；或创造新的交流空间节点、新的视角……设想其中一些创意将为古老的古城延续新的生命力。

工作营虽告段落，这四处古城民宅保护更新设计的探索必将进一步深化，期待最终方案的实施呈现出既保护古城风貌，又有新意地激活社区的工作营初衷；期待工作营设计探索成果将在我国众多历史文化名城的保护更新中发挥示范作用。探索之路永无止境。

全国工程勘察设计大师
华东建筑集团股份有限公司资深总建筑师
唐玉恩

微更新打造永远的苏州

苏州有着 2500 多年的建城历史。苏州的历史民居、古典园林，苏州的河流、石桥、驳岸、街道，千百年来承载着无数代苏州人既典雅又世俗的生活。

苏州，是每一个建筑人梦魂缠绕的地方。我在南京工学院建筑系读本科的时候，苏州古城和苏州园林就是我们水彩写生的目的地，也是我们测绘实习和建筑认知的场所。记得那时刘先觉老师带着我们徜徉在拙政园、留园、网师园、狮子林，领略古典园林的建筑空间布局，考察古典园林的亭、台、楼、阁，认知叠山理水的特点和手法，体会山石"瘦、皱、漏、透"的审美要素，辨识园林中的树木花草，常讲得我们如痴如醉，流连忘返，不忍离去。

及至到了研究生阶段，我的硕士论文研究新老建筑关系处理的课题，苏州的古城更新改造就成了我重要的研究对象。1984 年，我准备赴英攻读博士学位，初步确定了进行中国传统建筑城市设计方面的研究，我又多次到苏州调研，用脚步丈量了古城的大街小巷、河湖港汊，苏州的观前街、平江路、山塘街，以及东山西山、同里甪直都留下了我的脚印，搜集了大量的照片和测绘资料，奠定了在英国诺丁汉大学两年多时间取得博士学位的基础。学成回国后，我又多次参与苏州旧城更新的各类学术活动，以至于觉得苏州古城已成为我的职业生涯不可分割的一个部分。

2019 年起，应中国建筑学会和苏州市政府的邀请，我有幸成为苏州古城复兴建筑设计工作营专家组成员，连续两年几乎全程参与了工作营的工作。

苏州古城复兴建筑设计工作营由苏州市相关部门和中国建筑协会联合主办，每年在古城内选择两个基地，邀请若干家热心于古城复兴研究和实践的设计团队进行设计，并邀请全国知名专家参与研讨，经过三轮的设计和评议研讨，形成设计成果，其中优秀的设计成果或能够得以实施，对苏州古城复兴工作起到实实在在的推动作用。通过两年的工作营的全程参与，我觉得苏州古城复兴建筑设计工作营是一个很好的工作模式，得以适当

地加以总结，结集出版，既留下了工作营全体参与者的工作成果，也将对全国历史文化名城和历史街区的复兴提供可资借鉴的经验。因此，经过深入阅读过去两年的设计成果，回顾工作营的评议研讨过程，认真思考设计成果的设计思路和路径，我试图从以下方面探讨工作营可供未来借鉴的几点启示。

1. 策化与设计并重，甚或策划先行，设计紧随

苏州古城复兴的关键问题在于城市功能的复兴。随着社会生活的发展，苏州古城的活力受到严峻挑战，历史街区内生活设施衰败、年轻人口流失、社会功能退化是普遍的问题。因此，以古民居保护为基础，以文化驱动为内核，以全域旅游为契机，做好功能的策划，提供可持续的运营模式，才能实现项目所在地区的整体复兴。

在 2019 年建新巷 34 号的项目中，启迪设计查金荣团队在以"老宅有戏"为主题的设计中提出了"共享、共治、共建"的苏式生活文化运营机制。本地社区中老年群体、外来游客、社区青年义工和经营业主策划了以昆曲戏台为核心的老年康养、文化体验、民宿生活等一整套功能结构和运营机制，应该说是一个很好的设计方案，得到了专家和居民的首肯和支持。

在同一个项目中，中信设计总院提交的以"时光之境，老宅新生"为主题的方案，策划和设计并重，通过对用地周边现状功能的深入调研，从建新巷街道、平江历史街区和苏州古城三个层面上的需求分析该项目的产业定位，大胆地提出了"苏工 × 智造体验中心"的项目策划定位。具体分为苏工智造创新孵化平台、苏工智造展示体验中心和苏工智造少儿培训基地三项具体功能，并以策划为依据组织功能空间。该设计的策划定位虽然略显武断，但整个方案结构严密，自成体系，仍然令人信服。

零点营造设计团队在顾家花园（顾颉刚故居）项目中，以超出建筑设计的视角，提出了破解古城空心化难题的策划和设计方案。他们深度剖析本项目的位置条件，深度挖掘项目基地上明清建筑安时堂的历史文化价值，

将安时堂以南改造更新为城市文化养老示范区,并以此为核心带动相关产业。同时,在临近人流入口的北端,打造适合年轻人的文创展示与茶饮空间,通过时间走廊的展示,激发其探究欲,常设顾颉刚历史文化展,辅以临时举办的各类文化活动,推动文化和民俗传承。设计中同时为顾家后人更新营造舒适的生活环境,发掘安时堂的养老品牌效应,顾家后人和邻里街坊都可享老有所伴、身有所依,并惠及后代。

2. 修复与更新并重,强调对控保建筑的保护和利用

苏州古城复兴建筑设计工作营这两年所有的项目都位于平江历史文化保护区,其中部分古民居被列为控保建筑,因此应该按照平江历史文化街区保护规划进行修复,建筑高度基本维持现状,建筑风貌和形态应与古城空间结构和肌理相协调,维持有价值的历史元素,在此基础上,鼓励创新性的传承和利用。

几乎所有参与工作营的团队都十分重视古城保护,古宅修复与更新并重。比如何镜堂院士团队在着手进行横巷11号的设计之前,首先对苏州传统民居的空间组织和功能布局进行了分析。他们认为苏州传统民居的空间组织依据"落""进""备弄",构成落落相连、层层递进、备弄串连、庭院交织的空间肌理。"落"与"落"之间还有"正落"和"边落"的差别,作为主轴线,"正落"空间秩序规整,承担传统民居的主体功能,由外向内私密性逐步递增。"边落"作为次轴线,空间布局相对自由,常用来作为书房、花园以及其他辅助功能。他们通过深入分析对传统布局体系进行转译,以现代功能形成立体之院、共享之院的设计理念,形成了优秀的设计成果。

中联筑境王幼芬团队在大新桥巷的更新设计中采取了积极保护、有限介入的策略。该项目几乎是命题作文,要求将大新桥巷26~28号的传统民居改造成为一家精品酒店。设计团队首先分析研究基地上的三"落"并置的民居的空间组织肌理,拆除后期加建的棚屋,对中间形制非典型的辅助用房进行清理,进而将两侧两"落"的民居更新为客房单元,中间清理后的空间布置酒店的公

共功能,结合院落融入江南园林,并植入以庭院为中心的旅居生活方式,创造了精品酒店十分优雅的旅居氛围。他们在沿街部分融入多样的商业功能,以激活沿河街巷和河道空间的活力。该设计最大限度地保护了原有传统民居的空间肌理和格局,以传统园林和庭院元素有限介入,更新了传统住宅的功能,赋以现代的功能内容,是一个十分成功的设计。

3. 私密与开放并重,打开传统空间,融入现代功能,推动历史街区活化更新

苏州古城历史街区由于人口老化、建筑破旧、功能单一,长期处于衰败状态。为了推动历史街区的更新活化,有必要适当打开传统住宅的封闭空间结构,提升开放性和公共性,同时融入新的现代功能,支持新型居住活动和外来游客活动的行为方式。两年来工作营的设计成果中有不少这方面的成功案例。

同济大学章明教授团队在横巷11号更新设计的方案中,基于对既有历史建筑要素的分析和梳理,对传统建筑的空间结构进行公共性和开放性改造。他们依据以小见大、整旧如故、有限介入、向史而新的理念,实现路径的通达,以解决空间的流通和路径问题;强调空间的通透,以实现室内和室内空间之间、室内和室外空间之间的渗透和融合;强调功能的共享,以实现社区居民和外来游客功能设施的通用。最终的设计成果实现了在有限的空间内,形成一组既能满足集体验工坊、手作展览、集市聚会为一体的文化体验功能,又可满足游客资讯、餐饮茶叙、住宿娱乐功能的古城驿站,两类人群的活动和行为都得到了有效的支持。

苏科大团队在大新桥25~27号的更新设计中另辟蹊径,在二层标高上设置了一条步行流线,并在基地的西南角屋面上设置了屋面瓦山之上的坐憩空间。闲坐其上,可观赏河对岸照壁上的影视投屏,亦可俯瞰沿河街道和河道中的舟来船去,人来车往,使得精品酒店的空间得以向上打开,并与街道河道空间的公共活动融为一体。

启迪设计查金荣团队在顾家花园(顾颉刚故居)的

保护更新设计中采取了更加彻底的打开空间的方式。设计提出拆除两幢解放后新建的住宅，恢复历史上占地数亩的顾氏宝树园，作为街区内的户外公共空间。他们将项目的主题命名为"宝树芳邻"，即以宝树园和芳邻居共享社区为主体功能，加上顾氏后人住宅、顾颉刚研究中心、顾颉刚历史陈列、文通书吧、共享餐厅、共享厨房、共享健身房等功能形成了一个开放、共享的历史宅院空间和未来共享社区，使顾家花园得以更新激活，成为一个顾氏后人、社区居民和外来游客共享、共荣的新型社区。

4. 保护与创新并重，赋予历史街区新的社会文化维度

苏州古城复兴的终极目标，不是简单的古建修复，也不是原有居住功能一般的改善，而应该保护与创新并重，根据时代的发展和需求，赋予古城和历史街区新的物质功能、新的文化维度，让人们在领略苏州古城风貌的同时，体验新的功能，感受新的社会文化。在设计手法上，也应该引入新的理念、新的手法和新的语汇，体现新的社会经济文化背景下新的元素和新的气息。

在大新桥巷 25~27 号更新设计项目中，为了实现人在屋面上的活动流线和休憩平台，在更新修缮过程中苏科大设计团队采用了局部的钢结构来替代木结构，无论是对于结构承重还是对于建筑外观都起到了很好的效果，说明新的结构和新的材料在古城复兴建筑设计中可以也应该得到利用。

苏州西交利物浦大学团队是两年来参与工作营唯一一个有西方建筑师参与的团队，他们给古城复兴建筑设计工作营带来了新的视角。

在他们所做的顾家花园（顾颉刚故居）的设计方案中，通过对于顾颉刚本人作为学者和历史学家的理解，试图创造可分割、可扭转的一个减法而非加法的建筑。他们把建筑切出一块，揭开屋面或墙面，让人们可以往里面看到其他人真正的生活方式。简言之，他们试图在没有建造的情况下创造空间。

他们的设计在原有古宅层进式的空间结构中嵌入三

个旋转 45° 的盒子，在这个空间与屋面相遇处采用玻璃屋面，在这个空间与墙面相遇处采用玻璃砖或选择挑空，这样的设计的确体现了西方人对中国传统建筑空间处理的全新的理解，给我们的古城复兴建筑设计工作营带来了一缕清风。

一年一度的苏州古城复兴建筑设计工作营已经进行了两届，很高兴我能有幸加入工作营的专家团队，从头至尾参与这一项十分有意义的工作。始终让我感动的是有如此之多的建筑人，有如此之多的专家学者，对苏州古城复兴工作如此之热情。我衷心地希望我以上的几点体会能够对今后的工作有些许参考价值，衷心地祝愿苏州古城复兴建筑设计工作能够为其他历史文化名城和历史文化街区的复兴建筑设计提供参考和借鉴。

东南大学建筑学院教授、博士生导师
深圳大学建筑与城市规划学院名誉院长
江苏省土木建筑学会建筑创作委员会主任
仲德崑

工作营评审专家观点

集萃

更新方案要处理好以下三者之间的关系：第一是古城风貌和更新改造的关系。改造完了，古城风貌没了，"小桥流水"的苏州的特色没了，这是不行的。第二是社会生态问题。更新要维持相当一部分的社会生态，留住原住民。第三是经济和财务的平衡问题，古城复兴不能仅仅依赖政府投入。

——宋春华

古城改造的介入不是只有一种方式，而应该是多种方式并存的。一是原真性和新陈代谢的关系问题，这其中有一个比例的确定，需要建立在详细调查研究的基础之上，比如说原真的部分是保留30%、50%还是70%？二是新加入的东西在时间维度上介入到一个非常好的状态，这就牵涉到策划。

——王建国

如果要把这个方案做成一个模式，要么在科学技术上可以推广，要么在业态的组织上形成一个可推广的模式，而这是比较难的。我个人更倾向于个性化的定制，针对个体地段找到业态的最优解。当今，成为一种模式中的平均数是没有意义的，必须是一个不同的、有差异化的东西才是最重要的。同时，设计方案从建筑学设计的角度考虑得比较多。其实对于这样

的古建筑，性能化改造和环境提升也是很重要的，改善物理环境就需要科技去支撑。

——王建国

不管是要求保留的建筑，还是可以翻建的建筑，室内空间都要好用。在尺度小的建筑中，外部空间比较小，在室内需要"螺蛳壳里做道场"，就需要室内表现得更多、更完善。设计探索必须成为模式才具有推广示范意义，示范性需要很实际，功能定位、经济性都要兼顾，我们要推的是模式而不是类型。

——常青

工作营的设计方案给苏州古城复兴形成了示范。这个"示范"有两个方面。第一个是苏州古城的保护怎么来符合现代生活的需求，怎样通过更新、复兴把苏州古城的活力展现出来，怎样在古建筑的躯壳下面把内部功能安排设计好。这个示范意义的呈现需要从城市、从平江历史街区的层面来考虑本项目的功能业态。第二个是大规模古城更新的经济可行性问题，只有经济可行才能让更新活动长期发展，所以在方案设计中要考虑经济平衡，这样才具有推广意义。

——时匡

这次工作营提的要求是保护与更新并重、传承与发展兼顾，这个提法是完全正确的。这次设计任务书没有给项目的明确定位，恰恰是考察设计单位处理这些问题的能力：在功能不确定的情况下，怎么把建筑公共空间和流线处理好？装修在设计中发挥什么作用，是依赖室内设计还是在重点部位重点处理？这也能看出水平。对于新和旧如何找一个得体的交汇点，"有限介入"这个构想提得非常好，外形形态维持古建筑的风貌，现代的东西要有所节制。

——刘力

本次是中国建筑学会和苏州市政府组织的古城复兴的工作营，是一次古城复兴探索的命题。对于苏州古城、苏州平江历史文化街区都是具有引领性的。设计应该在充分注意苏州古城、历史街区特色的情况下，做符合苏州风貌的更新改造，让人们感受到苏州的味道。

——唐玉恩

本次的设计课题——孝友堂张宅整体是三路五进，北至建新巷、南到干将路，是平江街区西南部分和城市主干道衔接的重要地段。这次设计只涉及北侧两进，同时将功能策划和保护利用更新设计并重，所以特别希望设计团队

能够重视今后继续向南延伸的可能性，形成片区可持续保护、改造、复兴的可能。

——唐玉恩

工作营的意义在于探寻一种模式，这种古城更新不是大规模的拆迁，也不是把原住百姓迁出去，替换为另外一种功能，而是一种活态的、渐进式的更新。这是非常好的一种尝试，城市更新不应该把百姓原来的生活废除。这个尝试将会对苏州，乃至全国的历史文化街区有示范作用。我认为是比较符合目前需要的一种形式。苏州作为一个旅游城市，既要发展旅游，又要维持原来老百姓的生活，以此形成一种更高层次的体验。

——仲德崑

关于设计定位究竟是提升原生态的品质、融入一些新的功能、使游客有更好的体验，还是保存风貌、功能完全适应新时代要求、成为苏州的打卡地，这两个方向都可以探索。

——曹嘉明

我觉得工作营探索的是老苏州未来应该面对怎么样的状况。现在苏州分成一个现代苏州、一个老苏州，这次工作营的设计课题选在

平江历史文化街区，项目应该更多地关注城市老居民的需求还是要引进一些新的功能，就需要我们去思考……我觉得在老城里头，应该更多为老城周边的人服务，而不是引进更多的旅游功能，老城应该更纯粹、地道一点。

——吕舟

让更多的人关注古城的复兴，关注古城的保护和发展，用我们研究性的设计去推进这个城市的发展。

——李存东

2019-05-24《苏州古城部分地段建筑设计方案公布》
来源：央视《朝闻天下》《新闻直播间》《午夜新闻》

它可能不是在设计创意上要做到天花乱坠，一定要与众不同，它有可能会是均衡好这个社区居民的这种真实的环境提升的获得感，包括他的生活满意度的获得感，以及建筑本身的设计创意和改造上的艺术创意要相结合。

——王建国

2019-05-24《苏州古城部分地段建筑设计方案公布》
来源：央视《朝闻天下》《新闻直播间》《午夜新闻》

现在的新业态、新技术、新材料、新模式很多，比如万科的分散式酒店就是通过"微更新""针灸式"更新来寻找既适合城市发展又适合商业业态的模式。希望"工作营"这种活动形式在苏州能常态化，吸引更多古城保护发展的理论工作者、实践者包括感兴趣的企业共同关注，破解城市保护中遇到的民生问题、政策问题、体制问题以及建筑设计的方向问题。

——仲继寿

2019-03-18《我会联合主办的"苏州古城保护建筑设计工作营"开营，大咖"共商"古城复兴与建筑保护》
来源：《中国建筑学会》官方微信公众号

苏州是首批国家历史文化名城，也是长三角重要的中心城市之一，在新型城镇化和高质量发展背景下，苏州的古城复兴对全国来说具有典型性和示范意义。

——李存东

2020-08-18《汇聚"金点子"引领古城复兴之路 苏州古城保护建筑设计工作营正式开营》
来源：《新华日报》

第一期工作营纪实

2019 年 2 月 25 日，苏州
苏州市人民政府和中国建筑学会
发布征集公告。

2019 年 3 月 14 日，苏州
工作营正式开营，27 个设计团队深入地块现场踏勘。

2019 年 3 月 30 日，苏州
工作营第一阶段方案评审会召开，专家评委对第一阶段方案进行评审，两个地块各遴选出 3 个入围

2019 年 5 月 21 日，
中国建筑学会学术年会，苏州
工作营终期方案评审会召开，专家评委对终期方案
进行评审并排序。

2019 年 5 月 22 日，
中国建筑学会学术年会，苏州
苏州市人民政府与中国建筑学会签订工作营长期合
作协议，工作营将以持续性、常态化的工作机制运行。

2019 年 5 月 23 日，
中国建筑学会学术年会，苏州
苏州古城复兴建筑设计工作营成果交流会召开，6 家
设计团队的主创设计师现场汇报工作营精彩成果，苏
州市人民政府与中国建筑学会共同发布《苏州倡议》。

遴选出 7 个入

2020 年 10 月 27 日，中国建筑学会学术年会，深圳
工作营终期方案评审会在深圳国际会展中心召开，专家评委对终期方案进行评审，确定最终名次并颁奖。

2020 年 10 月 28 日，中国建筑学会学术年会，深圳
住房和城乡建设部黄艳副部长在 2020 年中国建筑学会学术年会开幕式上作主题发言。主题发言后，黄艳副部长专程参观苏州古城复兴建筑设计工作营优秀成果专题展，并给予高度肯定。

2020 年 10 月 27 日，中国建筑学会学术年会，深圳
在工作营的设计实践基础上，苏州市资源规划局、中国建筑学会和苏州国家历史文化名城保护研究院举办《苏州古城传统建筑保护利用技术导则》合作签约仪式，对工作营设计成果进行的学术凝练和经验总结。

2020 年 10 月 29 日，中国建筑学会学术年会，深圳
中国建筑学会学术年会专题分论坛之一，"传承文化·延续匠心——传统建筑创新性发展论坛暨古城复兴（苏州）建筑设计工作营优秀成果汇报"在深圳国际会展中心举办。

2019 年 4 月 20 日，苏州

工作营中期方案评审会召开，专家评委对中期方案进行评审。

)19 年 6 月 17 日，苏州

济大学建筑设计研究院原作设计工作室与更新项
实施方签订设计协议。该项目计划打造成为苏州
城复兴建筑设计工作营的长期基地，成为苏州古
沉中独具特色的古城保护标志性场所。

2020 年 10 月 27 日，

中国建筑学会学术年会，深圳

苏州古城复兴建筑设计工作营与故宫文创团队对第
一期工作营项目之一——建新巷 30 号孝友堂张宅最
终实施方案"叠园今梦"开展深度合作。

第二期工作营纪实

2020 年 7 月 28 日，苏州
苏州市人民政府和中国建筑学会
面向全国发布征集公告。

2020 年 8 月 18 日，苏州
工作营正式开营，14 个设计团队深入地块现场踏勘。

2020 年 9 月 7 日，苏州
工作营第一阶段方案评审会召开，专家评委对第一阶段方案进行评审，两个
围方案。

2020 年 9 月 26 日，苏州
工作营中期方案评审会召开，专家评委对入围团队的深化设计进行点评和指导

图书在版编目（CIP）数据

古城微更新的苏州实践：2019—2020苏州古城复兴
建筑设计工作营优秀作品集 / 本书编委会编著 . —北京：
中国建筑工业出版社，2021.10
ISBN 978-7-112-26331-8

Ⅰ.①古… Ⅱ.①本… Ⅲ.①古城 – 建筑设计 – 作品
集 – 中国 – 现代 Ⅳ.① TU984.2

中国版本图书馆 CIP 数据核字（2021）第 138799 号

责任编辑：黄　翊　陆新之
书籍设计：康　羽
责任校对：张　颖

古城微更新的苏州实践

——2019—2020苏州古城复兴建筑设计工作营优秀作品集
本书编委会　编著
＊
中国建筑工业出版社出版、发行（北京海淀三里河路9号）
各地新华书店、建筑书店经销
北京雅盈中佳图文设计公司制版
北京雅昌艺术印刷有限公司印刷
＊
开本：880毫米×1230毫米　1/16　印张：$14\frac{1}{2}$　插页：1　字数：420千字
2021年10月第一版　2021年10月第一次印刷
定价：**160.00**元
ISBN 978-7-112-26331-8
　　（37824）